Musabekov Aydós

ESTATÍSTICAS BIOLÓGICAS

Musabekov Aydós

ESTATÍSTICAS BIOLÓGICAS

Manual de formação

ScienciaScripts

Imprint

Any brand names and product names mentioned in this book are subject to trademark, brand or patent protection and are trademarks or registered trademarks of their respective holders. The use of brand names, product names, common names, trade names, product descriptions etc. even without a particular marking in this work is in no way to be construed to mean that such names may be regarded as unrestricted in respect of trademark and brand protection legislation and could thus be used by anyone.

Cover image: www.ingimage.com

This book is a translation from the original published under ISBN 978-620-6-78087-8.

Publisher:
Sciencia Scripts
is a trademark of
Dodo Books Indian Ocean Ltd. and OmniScriptum S.R.L publishing group

120 High Road, East Finchley, London, N2 9ED, United Kingdom
Str. Armeneasca 28/1, office 1, Chisinau MD-2012, Republic of Moldova, Europe
Printed at: see last page
ISBN: 978-620-7-91276-6

Conteúdo

O manual apresenta exemplos de resolução de problemas típicos enfrentados por biólogos e biotecnólogos no decurso do tratamento estatístico de dados obtidos como resultado de observações e experiências. São considerados os seguintes métodos: conformidade dos dados com a lei da distribuição normal, cálculo da dimensão da amostra, análises paramétricas e não paramétricas, comparações múltiplas, análise fatorial, análises de correlação e regressão, etc. São apresentados os algoritmos de escolha e instruções passo a passo para a resolução destes problemas utilizando o pacote de software STATISTICA. O manual destina-se a estudantes de licenciatura, mestrado e doutoramento das áreas de formação biológica, biotecnológica e agrícola.

Introdução

Nos últimos anos, generalizaram-se várias ferramentas informáticas para a análise estatística de dados. Apesar disso, mantém-se a necessidade de conhecer, pelo menos, as bases da estatística matemática. Um investigador deve ser capaz de escolher os métodos estatísticos adequados, conhecer as suas capacidades e limitações e interpretar os resultados de forma correcta e sensata. A aplicação arbitrária de métodos de análise estatística, mesmo os mais sofisticados, pode conduzir a falsas conclusões.

Neste sentido, o objetivo deste manual é desenvolver um algoritmo ilustrativo que demonstre a sequência de acções a realizar por um investigador na descrição e análise dos resultados de um estudo científico. Para além disso, são considerados alguns exemplos de vários métodos de análise estatística implementados no programa STATISTICA.

Este livro resume toda a gama de métodos estatísticos matemáticos utilizados na recolha e análise de dados biológicos. Fornece exemplos de problemas típicos que os biólogos encontram no decurso do processamento estatístico de dados obtidos a partir de observações e experiências.

Este manual pode ser utilizado por estudantes de licenciatura, mestrado e doutoramento nas áreas de formação "Biologia", "Biotecnologia" e formação agrícola, professores universitários, todos os interessados na investigação biológica e na aplicação prática dos conhecimentos teóricos.

CAPÍTULO 1

Verificar se os dados analisados estão em conformidade com a lei da normalidade distribuições.

Os métodos de análise estatística existentes podem ser divididos em dois grandes grupos - paramétricos e não paramétricos. Uma condição importante que determina a possibilidade de utilizar um determinado método de análise é a subordinação dos dados estudados à lei da distribuição normal (Gaussiana), cuja representação gráfica tem a forma de uma curva caraterística em forma de sino (Fig. 2).

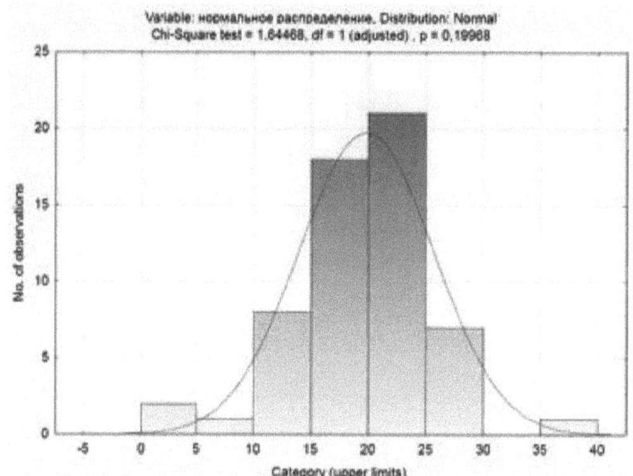

Figura 2. Exemplo de distribuição de dados "normal" (gaussiana)

Se os dados em estudo obedecerem à lei da distribuição normal, são utilizados métodos paramétricos de análise. Caso contrário, são necessários métodos não paramétricos de análise estatística. A aplicação de métodos paramétricos de análise para dados que não obedecem à lei da distribuição normal dos sinais (a distribuição não satisfaz o critério da "normalidade") conduz a conclusões que não correspondem à realidade.

Foi estabelecido que, na grande maioria dos casos (cerca de 75%), a distribuição dos traços biológicos difere significativamente da distribuição "normal". Para evitar o erro acima referido, a análise de qualquer dado biológico deve começar por verificar a "normalidade" da sua distribuição.

Vejamos algumas abordagens para avaliar a "normalidade" da distribuição dos dados implementadas no programa STATISTICA.

A Fig. 3 mostra os resultados da contagem do número de células neurogliais na substância negra do cérebro do rato. É necessário determinar se a distribuição destes dados obedece à lei da distribuição normal.

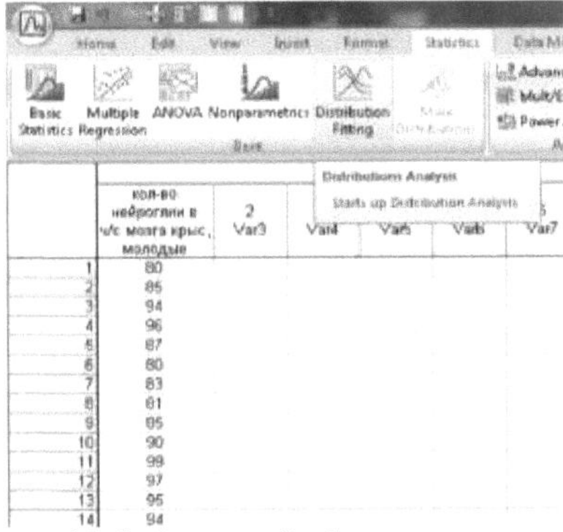

Figura 3. Dados sobre a quantidade de neuroglia de rato

Um algoritmo para selecionar um método de análise estatística.

A multiplicidade de métodos de estatística matemática e a descrição complexa dos procedimentos para a sua seleção e aplicação confundem frequentemente o investigador. No entanto, um número limitado de factores-chave é tido em conta na seleção do método de análise estatística necessário:

1. Tipo de distribuição dos dados. Se se considerar que a distribuição dos dados obtidos numa experiência está em conformidade com a lei da distribuição normal, são utilizados métodos paramétricos de análise. Para os métodos de análise não paramétricos, o tipo de distribuição dos dados é indiferente.

2. A interligação dos dados em estudo. As amostras inter-relacionadas (dependentes) são aquelas em que a caraterística em estudo é investigada nos mesmos objectos. Se as medições do atributo estudado forem efectuadas em objectos diferentes, as amostras são consideradas independentes (não interrelacionadas). Para o tratamento matemático dos dados neste tipo de problemas, são utilizados métodos de comparação de variáveis dependentes ou independentes.

3. Características quantitativas dos dados em estudo. Se vários factores influenciarem a caraterística investigada, bem como na comparação de vários grupos experimentais, são utilizados vários tipos de análises múltiplas ou de variância.

É igualmente importante ter consciência das limitações de cada tipo de análise estatística. Se o método escolhido não for adequado para analisar os dados disponíveis, é sempre possível encontrar outro método, talvez alterando o tipo de apresentação dos próprios dados.

Tendo em conta estes factores, o algoritmo de seleção de um método de análise estatística pode ser apresentado sob a forma do esquema seguinte:

Verificação da normalidade dos dados experimentais

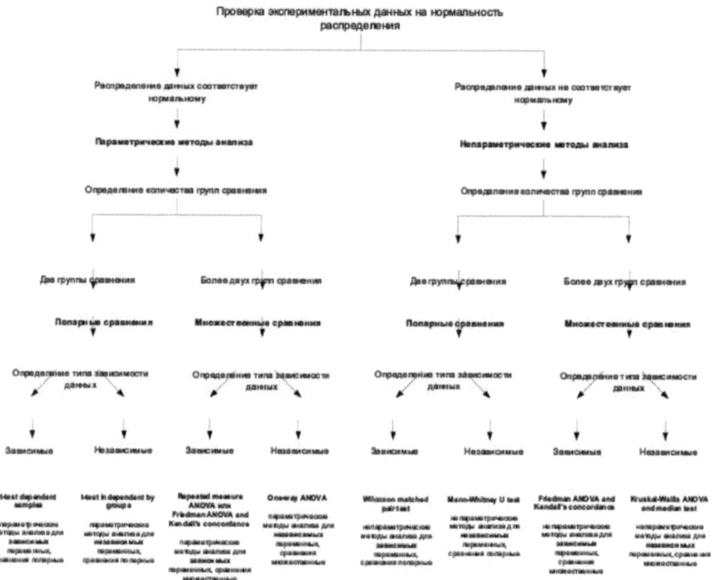

Fig. 1. Esquema (algoritmo) de seleção de métodos de análise estatística para investigação biológica

1. Na secção do menu principal **Estatísticas,** abra um módulo especial - **Ajuste de distribuição**. Este módulo permite-lhe verificar a conformidade dos dados com uma série de distribuições matemáticas (Fig. 3).

2. Uma vez que é necessário verificar se os dados obedecem à lei da distribuição normal, seleccione **Normal na** lista de **distribuições contínuas** e clique em **OK** (Fig. 4).

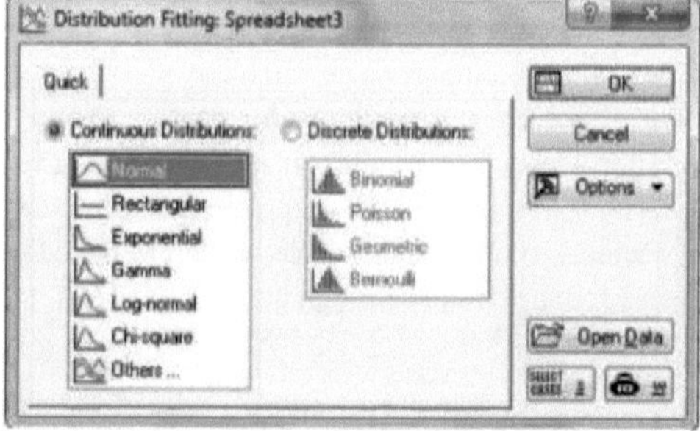

Fig. 4. Janela de diálogo do módulo - Ajuste da distribuição

3. Na janela seguinte, clique no **botão Variable (Variável)** e especifique a variável que pretende analisar. De seguida, clique no botão **Traçar as** distribuições **observadas e esperadas** (Figura 5).

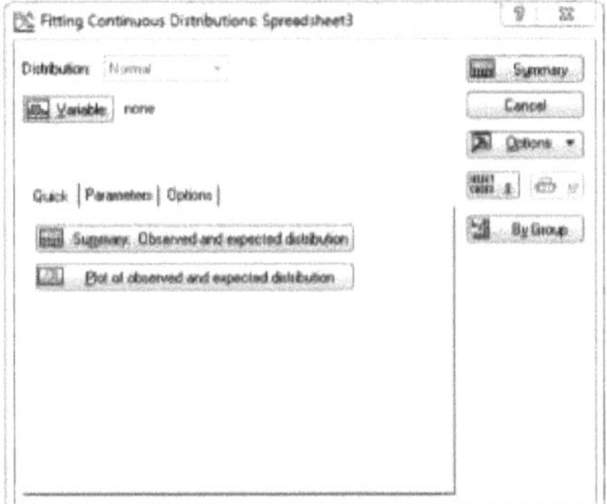

Figura 5. Janela de diálogo para selecionar as variáveis a analisar

O histograma obtido reflecte a distribuição dos dados do parâmetro investigado (Fig. 6).

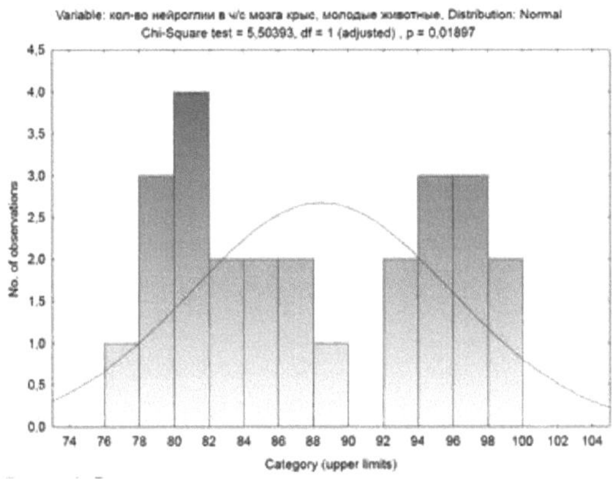

Figura 6. Resultado da análise da distribuição dos dados estudados

A figura obtida mostra que a distribuição dos valores do parâmetro estudado difere da "normal" (as barras do histograma não formam uma curva em forma de sino). Esta conclusão baseia-se numa análise visual, mas tem também uma confirmação mais rigorosa. A parte superior do histograma mostra os resultados do teste $\chi2$ Qui-quadrado. Este teste testa a hipótese de a distribuição observada não diferir da distribuição teoricamente esperada, "normal". Se a probabilidade de erro na rejeição desta hipótese for muito superior a 0,05 (p>0,05), então a hipótese é verdadeira. Por outras palavras, a distribuição dos valores que constituem esta amostra não é estatisticamente diferente da "normal". **No nosso caso, a probabilidade de erro é inferior a 0,05 (p=0,01897), pelo que a distribuição dos valores não obedece à lei da "normalidade".**

No entanto, é de notar que a utilização do teste do qui-quadrado leva muitas vezes a uma conclusão errada sobre a "normalidade" da distribuição (o poder deste teste é relativamente baixo). Por conseguinte, é preferível utilizar outros testes, que podem ser <u>encontrados no módulo Estatísticas **Básicas**</u> (Fig. 7).

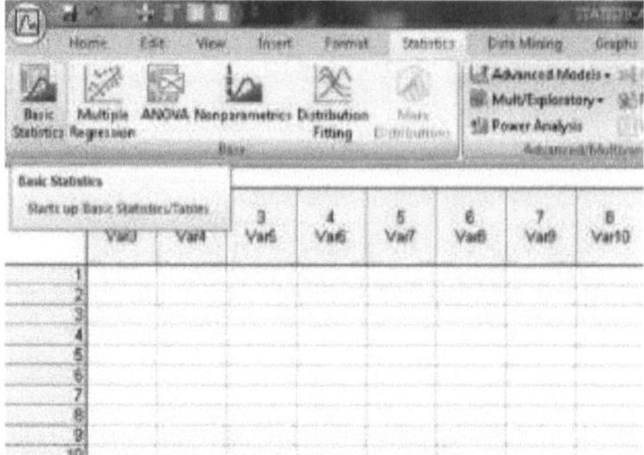

Fig. 7. A janela de diálogo do módulo Estatísticas básicas

1. Na secção **Estatísticas Básicas**, seleccione o módulo **Estatísticas Descritivas** (Figura 8).

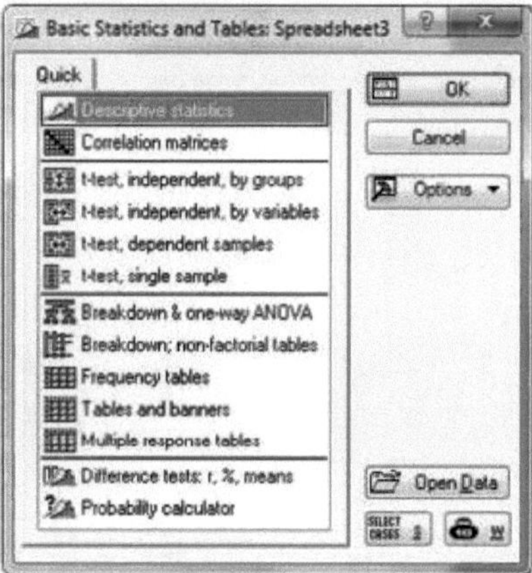

Fig. 8. A janela de diálogo do módulo Estatísticas descritivas

2. Abra o separador **Normality (Normalidade)** e seleccione o **teste de normalidade de** Kolmogorov-Smirnov **e Lilliefors** ou o teste **W de Shapiro-Wilk** (Figura 9).

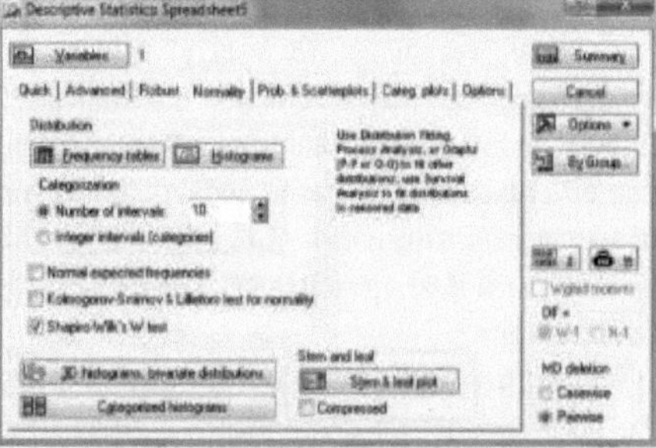

Fig. 9. A janela de diálogo do módulo Estatísticas descritivas

Estes testes também testam a hipótese de que não há diferença entre a distribuição observada e a distribuição teoricamente esperada, "normal". O teste W de Shapiro-Wilk é o que tem maior poder, especialmente para amostras pequenas (n < 50). Para selecionar este teste, deve assinalar a caixa junto ao seu nome.

3. Em seguida, clicar no botão **Variables (Variáveis)** e selecionar a variável a analisar. Depois de clicar no botão **Histogramas**, o programa criará um histograma da distribuição dos valores das características e da curva normal esperada (Fig.10).

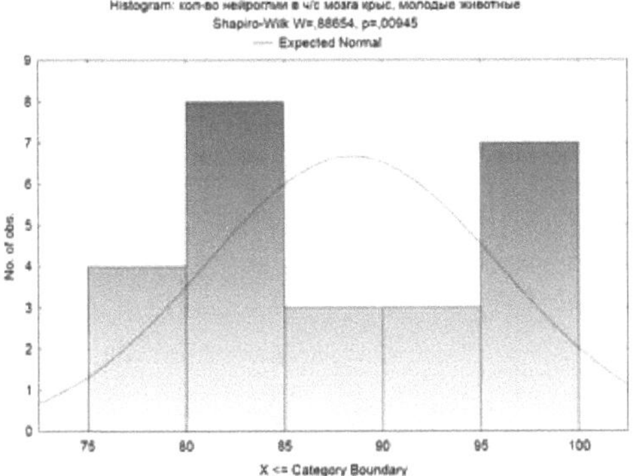

Figura 10. Resultado da análise da distribuição dos dados estudados

Os resultados dos testes seleccionados para "normalidade" são automaticamente colocados no cabeçalho deste gráfico. No nosso exemplo, a utilização do teste Shapiro-Wilk mostra P = 0,00945, o que confirma a conclusão anterior de que os dados não obedecem à lei da distribuição normal.

Também pode verificar a conformidade dos dados com a lei da distribuição normal utilizando um gráfico de probabilidade normal. Este gráfico mostra a dependência das frequências reais de um valor de caraterística relativamente às frequências "normais" esperadas. Se não houver diferença entre as distribuições observadas e esperadas, os pontos deste gráfico alinhar-se-ão estritamente ao longo de uma linha reta. Caso contrário, formarão uma figura diferente de uma linha reta. Para desenhar um gráfico deste tipo, é necessário

1) No menu principal, seleccione a secção **Estatísticas Básicas** e o módulo **Estatísticas Descritivas** (Figuras 7 e 8).

2. Na caixa de diálogo que aparece, seleccione o separador **Prob. e clique no botão Normal probability plot (Fig. 11). Seleccione o separador** Scatterplots **e clique no botão Normal probability plot** (Fig. 11).

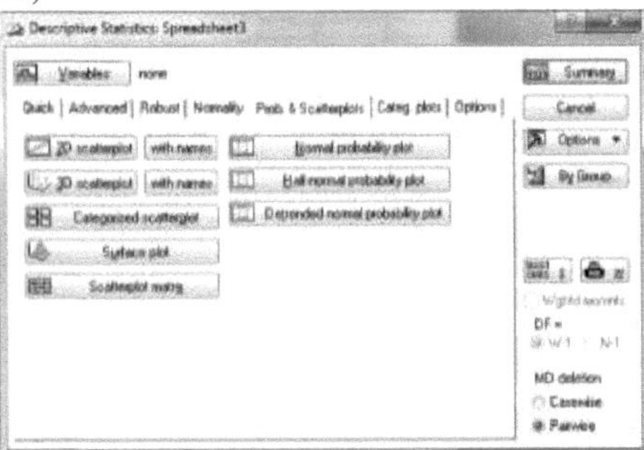

Fig. 11. A janela de diálogo do módulo Gráficos de probabilidade e diagramas de dispersão

Como resultado, aparecerá um gráfico (Fig. 12), cujos pontos, no caso de uma distribuição "normal" dos dados, estão densamente alinhados ao longo da linha reta teoricamente esperada. No nosso caso, os pontos desviam-se significativamente da linha reta, o que mais uma vez confirma a hipótese de que os dados não estão em conformidade com a lei da distribuição normal.

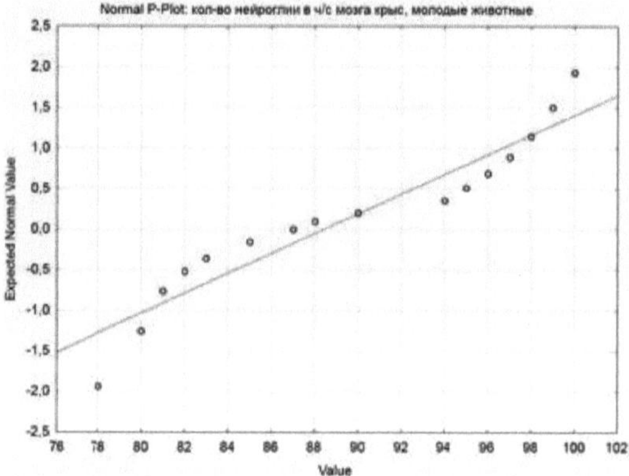

Fig. 12. Gráfico das probabilidades normais

CAPÍTULO 2.

Uma comparação entre dois grupos.

Comparação de dois grupos "independentes" cuja distribuição dos dados segue uma distribuição "normal" (teste T, independente, por grupos).

Na investigação biológica, uma das tarefas mais comuns é comparar as médias aritméticas de dois grupos. Uma caraterística importante dos grupos que estão a ser comparados é a sua "dependência" ou inter-relação.

As amostras dependentes contêm dados de estudos do mesmo grupo experimental, mas em períodos de tempo diferentes. Por exemplo, "antes" e "depois" de qualquer impacto: tratamento (administração de medicamentos), educação ou formação, cirurgia, etc. Neste caso, os resultados das medições obtidas "antes" e "depois" do impacto experimental estarão inter-relacionados entre si (interdependentes). Note-se que o número de objectos nestas amostras é sempre o mesmo.

As amostras independentes são obtidas quando se estudam dois grupos diferentes. Os resultados de uma medição numa amostra não afectam os resultados obtidos na outra amostra. Por exemplo, grupos "experimentais" e "de controlo" ou comparações entre grupos de homens e mulheres. É aceitável ter números diferentes de sujeitos.

Um método clássico para resolver este tipo de problemas é o teste t de Student, ou simplesmente "teste t". Este teste testa a hipótese de que as diferenças observadas entre os valores médios das amostras comparadas são aleatórias e não causadas pelo fator em estudo (hipótese nula).

Este teste pertence ao grupo dos métodos paramétricos de análise e a sua aplicação correcta requer o cumprimento de três condições:

1.   As duas amostras devem ser independentes;
2.   Ambas as amostras devem obedecer à lei da distribuição normal;
3.   As duas amostras devem ser homogéneas (a dispersão dos dados dentro das amostras não deve ser demasiado grande).

A mais importante é a condição de cumprimento do requisito de obediência à lei da distribuição normal. **O não cumprimento deste requisito impossibilita a aplicação deste teste.**

O algoritmo para selecionar este método de análise estatística pode ser apresentado sob a forma do seguinte esquema (Fig. 13):

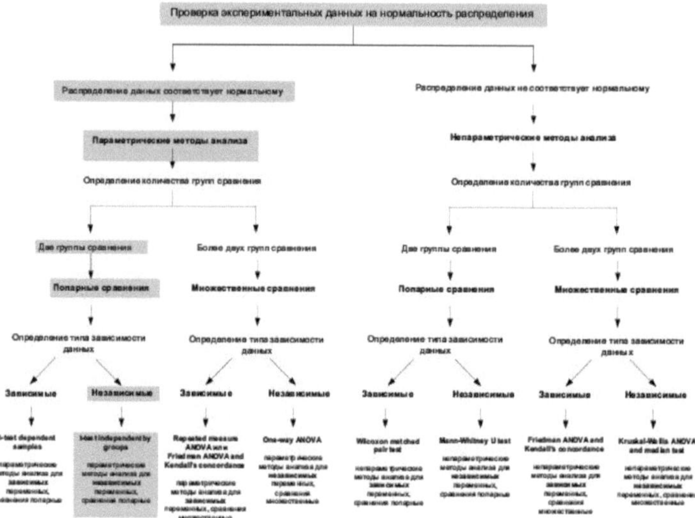

Fig. 13: Esquema para escolher o método de análise estatística para comparar dois grupos independentes, desde que os dados estejam em conformidade com a lei da distribuição normal Considere a aplicação do teste t utilizando o seguinte exemplo.

Sabe-se que os processos de envelhecimento são acompanhados pela morte de células nervosas em várias partes do cérebro. Supõe-se que uma possível causa da morte neuronal seja o aumento dos processos inflamatórios no tecido nervoso. Para avaliar a intensidade da inflamação, contámos o número de células gliais (são marcadores de inflamação) em animais (ratos) de diferentes grupos etários. A análise estatística deverá responder à questão se o número médio destas células e, consequentemente, a intensidade dos processos inflamatórios diferem em animais de diferentes idades.

A Fig. 14 mostra os dados sobre o número de células gliais em dois grupos experimentais: grupo 1 - animais jovens; grupo 2 - animais idosos. **Repare no desenho dos dados (Fig. 14) -** a tabela tem 2 variáveis. A primeira variável - **variável de agrupamento** (Grouping variables) contém códigos que indicam que os dados pertencem a um determinado grupo. A segunda variável - variáveis dependentes - contém os dados propriamente ditos. Os dados propriamente ditos (no nosso caso, o número de células) estão dispostos verticalmente (uma coluna abaixo da outra). Os dados são dispostos da mesma forma em todos os casos quando se comparam dados independentes quando se comparam dois grupos independentes

1 Grouping variable	2 Кол-во клеток глии
1	23
1	49
1	42
1	47
1	46
2	87
2	109
2	41
2	79
2	106
2	126
2	85
2	77

Figura 14: Exemplo de disposição dos dados na comparação de dois grupos independentes

Na versão mais simples, os dados para cada grupo ("jovem" e "velho") podem simplesmente ser introduzidos em colunas separadas, mas quando se comparam grupos independentes, é preferível a primeira versão do seu desenho.

Suponha que os dados em ambas as amostras são "normalmente distribuídos" e que as variâncias diferem de forma insignificante. Para efetuar o teste t, é necessário:

1. Inicie o módulo correspondente a partir do menu: **Statistics / Basic statistics / t-test, independent, by groups** (Fig. 15).

Fig. 15. Janela de diálogo do módulo Estatísticas básicas

2. Na janela que se abre, especifique os códigos de grupo nas caixas correspondentes (**Código para o Grupo 1 e 2**) ou clique no botão **Variáveis** e especifique as variáveis que pretende utilizar

Na janela da direita é necessário selecionar a variável de grupo, na janela da esquerda - a variável dependente (Fig. 16).

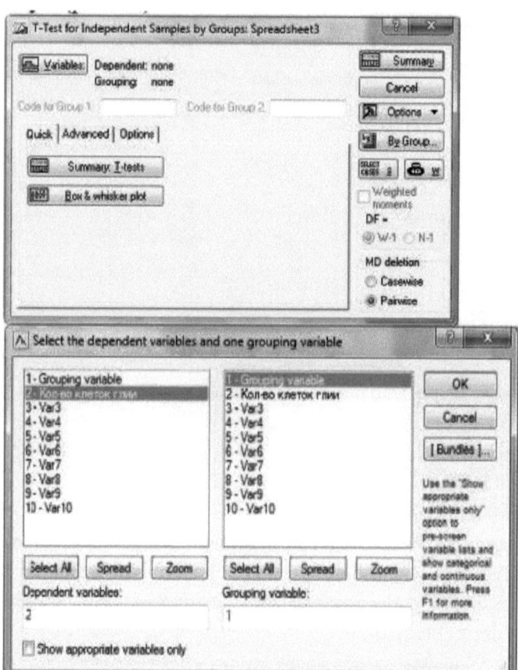

Figura 16. Janelas de diálogo para selecionar as variáveis em estudo

3.   Clique no botão **Summary: T-tests**. Como resultado, o programa criará uma tabela com os seguintes resultados (Fig.17).

Variable	T-tests; Grouping: Grouping variable (Spreadsheet3) Group 1: 1 Group 2: 2										
	Mean 1	Mean 2	t-value	df	p	Valid N 1	Valid N 2	Std.Dev. 1	Std.Dev. 2	F-ratio Variances	p Variances
Кол-во клеток глии	41,40000	88,75000	-3,86696	11	0,002622	5	8	10,59717	25,70575	5,884111	0,106096

Fig. 17: Quadro com os resultados do teste t

Esta tabela contém os seguintes indicadores: Desvio-padrão da amostra 1; Desvio-padrão da amostra 2; P, Variâncias - probabilidade de erro para o teste F de Fisher; se P > 0,05, a condição de homogeneidade das variâncias está preenchida.

O indicador principal é o valor P (probabilidade de rejeitar erroneamente a hipótese nula de não haver diferenças entre as médias). No nosso caso, P < 0,05, portanto, existem diferenças estatisticamente significativas entre os valores médios do número de células da glia em animais jovens e idosos.

Comparação de dois grupos "independentes" cuja distribuição dos dados não segue uma distribuição "normal" (teste U de Mann-Whitney).

Se a distribuição do valor de uma caraterística nos dois grupos que estão a ser comparados for diferente da distribuição "normal", a aplicação do teste t paramétrico para a sua comparação conduzirá a resultados enviesados. Nesses casos, deve ser utilizado o análogo não paramétrico adequado do teste t de Student.

As comparações entre dois grupos independentes cuja distribuição dos dados não segue uma distribuição "normal" são efectuadas utilizando o teste U de Mann-Whitney.

O algoritmo para selecionar este método de análise estatística pode ser apresentado sob a forma do seguinte esquema (Fig. 18):

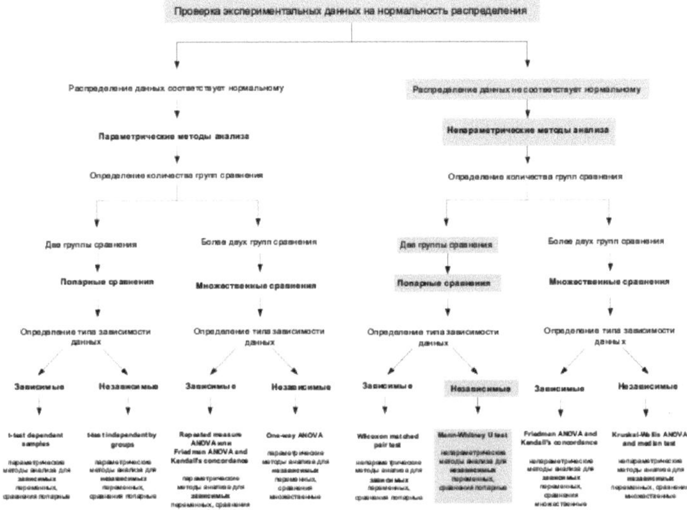

Fig. 18: Esquema para a escolha do método de análise estatística na comparação de dois grupos independentes cujos dados não obedecem à lei da distribuição normal.

No programa STATISTICA, este teste é efectuado da seguinte forma: introduzir os resultados do estudo na tabela de acordo com as regras de conceção de dados para grupos independentes (ver páginas 13-14).

1. No menu **Statistics (Estatísticas),** seleccione **Nonparametrics (Não paramétricos)** (Figura 19).

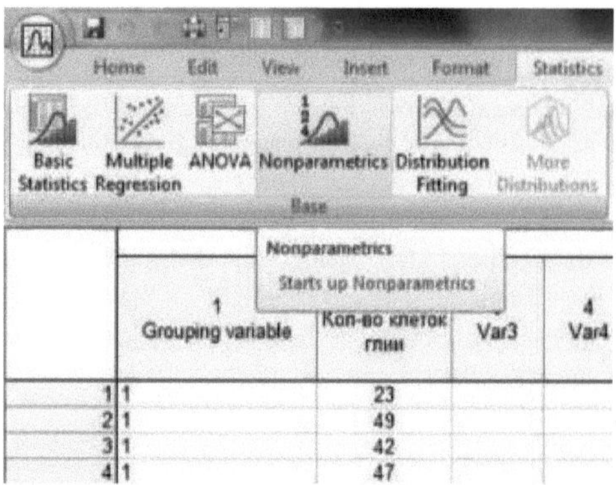

Fig. 19. Secção do menu principal das estatísticas não paramétricas

2.   Em seguida, seleccione Comparação de **duas amostras independentes** (Figura 20).

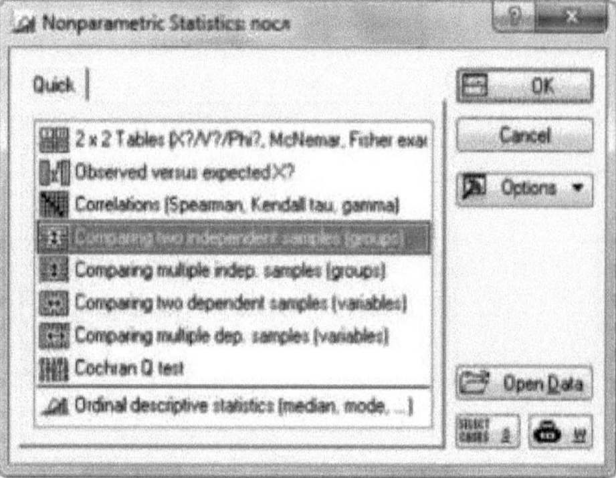

Fig. 20. A janela de diálogo do módulo Estatísticas básicas

3.   Na janela que aparece, clique no botão **Variáveis** e seleccione as variáveis dependentes e de grupo. Na janela da direita seleccione a variável de grupo, na janela da esquerda seleccione a variável dependente e clique em OK (Fig. 21)

Fig. 21. Janelas de diálogo para selecionar as variáveis a testar 4. Clique no botão **Mann-Whitney U-test** ou M-W U test (Fig. 21), após o que aparecerá uma tabela com os resultados Fig. 22.

variable	Mann-Whitney U Test (nocл) By variable Grouping variable Marked tests are significant at $p < .05000$									
	Rank Sum Group 1	Rank Sum Group 2	U	Z	p-value	Z adjusted	p-value	Valid N Group 1	Valid N Group 2	2*1sided exact p
Кол-во клеток глии	19.00000	72.00000	4.000000	-2.26897	0.023271	-2.26897	0.023271	5	8	0.018648

Fig. 22: Quadro com os resultados do teste t

O principal parâmetro a ser considerado é a probabilidade de erro (valor p). Se $P < 0,05$, existem diferenças estatisticamente significativas entre as amostras comparadas (Nota: ao contrário do teste t, o teste de Mann-Whitney compara as somas das classificações de cada amostra, e não os valores médios das amostras).

Comparação dos dois grupos "dependentes", a distribuição dos dados em que corresponde ao "normal" (teste T, amostras dependentes).

Para recordar, um investigador lida com amostras dependentes se a investigação for efectuada sobre os mesmos objectos. Considere o seguinte exemplo.

Sabe-se que a atividade física intensa conduz a uma imunidade enfraquecida e a constipações frequentes. Para descobrir as razões deste fenómeno, foi realizado um estudo de modelação em animais. Como carga física, os animais de laboratório (ratinhos) nadaram com uma carga até à exaustão. "Antes" e "depois" da carga, foi recolhido sangue dos animais e os níveis de imunoglobulina foram avaliados. É necessário saber se o número médio de imunoglobulinas difere entre "antes" e "depois" do exercício. Uma vez que o estudo é efectuado com os mesmos animais, as amostras são dependentes. Desde que sejam cumpridos os requisitos de "normalidade" da distribuição dos dados, utilizaremos o teste t para amostras dependentes.

O algoritmo para selecionar este método de análise estatística pode ser apresentado sob a forma do seguinte esquema:

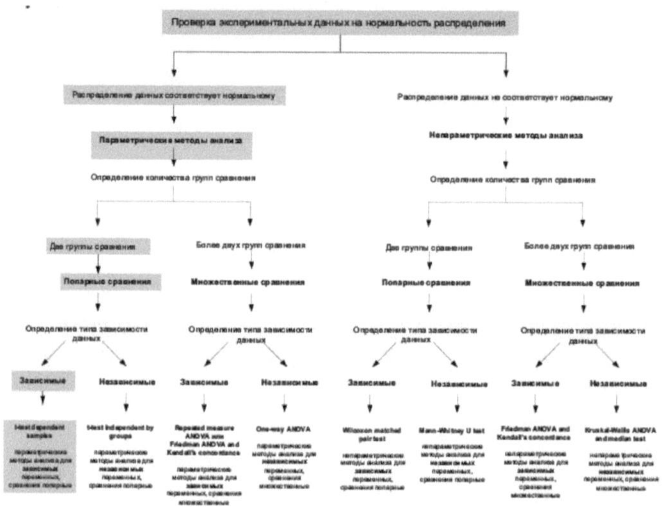

Fig. 23: Esquema para a escolha do método de análise estatística na comparação de dois grupos dependentes, desde que os dados estejam em conformidade com a lei da distribuição normal

я

Nota: Uma vez que os dados experimentais são **dependentes,** introduza os resultados do estudo para cada variável em colunas separadas (Figura 24). Não é necessário incluir a variável grupo na tabela. Os dados são rotulados de forma semelhante em todos os casos em que se comparam grupos dependentes.

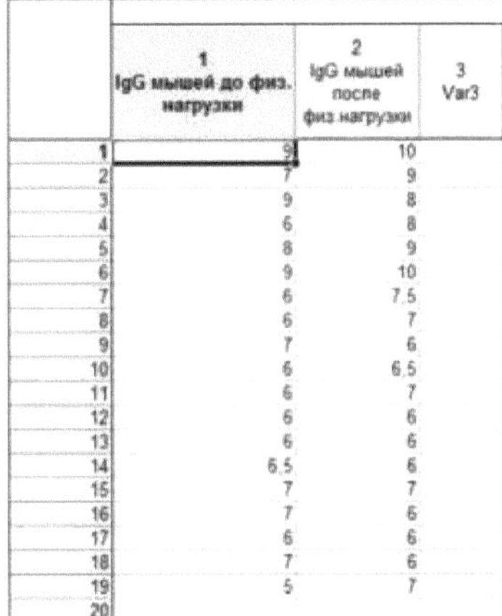

Figura 24 Exemplo de conceção de dados na comparação de dois grupos dependentes.

Para efetuar esta variante do teste t, é necessário
1. Inicie o módulo **Estatísticas básicas / Teste t, amostras dependentes** no menu
Estatísticas (Fig.
25).

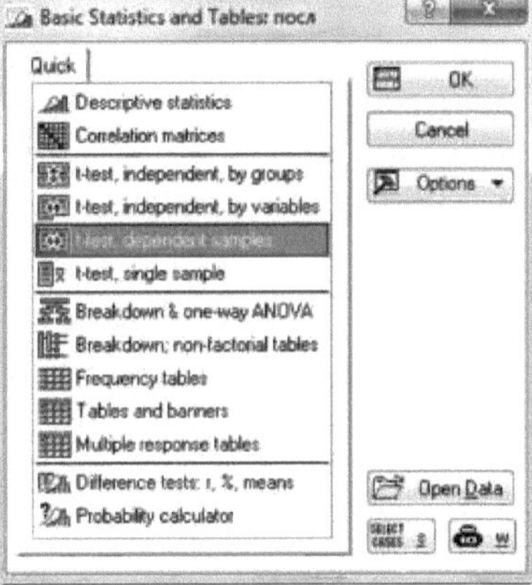

Fig. 25: Janela de diálogo do módulo Estatísticas básicas

2. Clique no botão **Variables (Variáveis)** e especifique as variáveis envolvidas na análise:
Primeira variável e **Segunda variável** (Fig. 26).

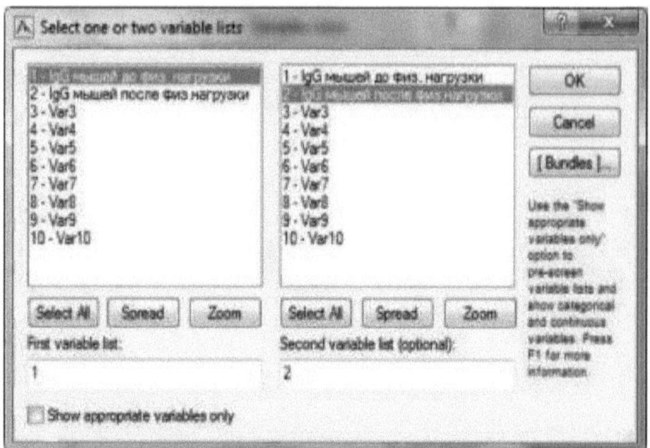

Fig. 26. Janela de diálogo para seleção das variáveis em estudo

3. Clique no botão **Summary: T-tests**. Aparecerá uma tabela com os resultados, semelhante à que vimos quando efectuámos o teste t para amostras independentes (Fig. 27).

| Variable | T-test for Dependent Samples (nocn) Marked differences are significant at p < ,05000 | | | | | | | | | |
	Mean	Std.Dv.	N	Diff.	Std.Dv. Diff.	t	df	p	Confidence -95,000%	Confidence +95,000%
IgG мышей до физ. нагрузки	6,815789	1,169170								
IgG мышей после физ нагрузки	7,263158	1,378087	19	-0,447368	1,052705	-1,85240	18	0,080439	-0,954756	0,060019

Fig. 27: Quadro com os resultados do teste t

Uma vez que no nosso caso P > 0,05, podemos concluir que a quantidade média de imunoglobulinas antes e depois da atividade física não é significativamente diferente.

Comparação de dois grupos dependentes cuja distribuição de dados não segue uma distribuição "normal" (teste dos pares emparelhados de Wilcoxon).

Se a distribuição dos dados em duas amostras dependentes for diferente da "normal", deve ser utilizado o teste de pares emparelhados de Wilcoxon para as comparar.

O algoritmo para selecionar este método de análise estatística pode ser apresentado sob a forma do seguinte esquema:

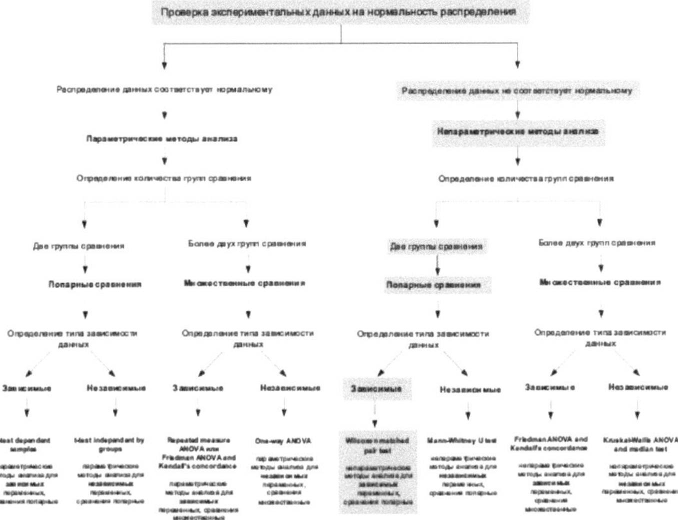

Fig. 28. Esquema para escolher o método de análise estatística quando se comparam dois grupos dependentes na condição de os dados não estarem em conformidade com a lei da distribuição normal

Para demonstrar o funcionamento deste teste, vamos utilizar o exemplo anterior, mas vamos assumir que a condição de "normalidade" da distribuição dos dados experimentais não é cumprida.

O teste Wilcoxon pode ser executado da seguinte forma: introduzir os resultados do estudo na tabela de acordo com as regras de formatação de dados para grupos dependentes (ver páginas 19-20).

1. Em **Statistics / Nonparametrics / Comparing dependent samples** seleccione t-test for dependent samples (Fig. 29).

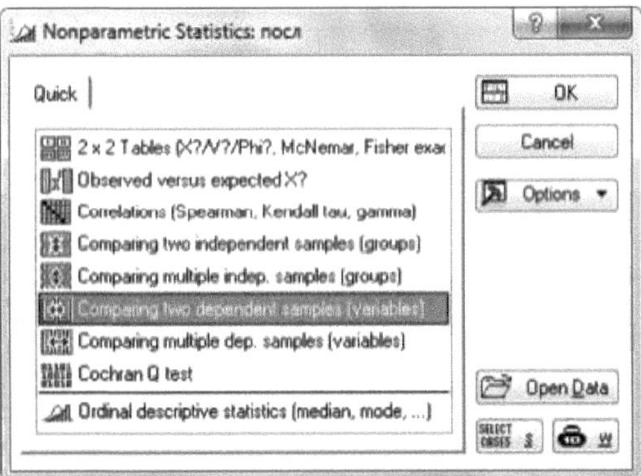

Fig. 29. A janela de diálogo do módulo de Estatística Básica 2. Clique no botão **Variables (Variáveis)**, defina as variáveis a serem analisadas e clique no botão Wilcoxon **matched pair test (Teste de pares combinados de** Wilcoxon) (Fig. 30).

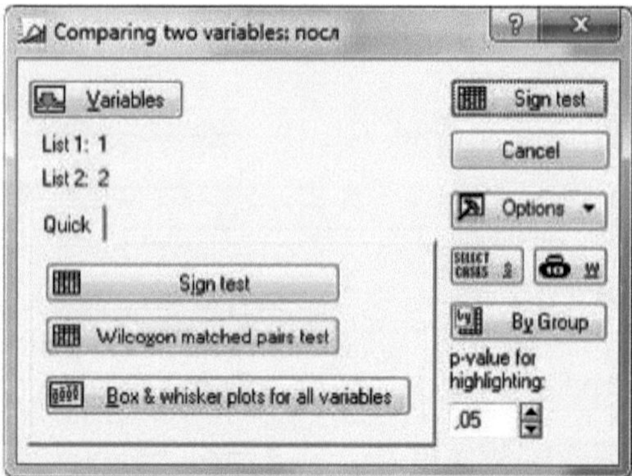

Fig. 30. A janela de diálogo para selecionar as variáveis em estudo A tabela aparecerá como resultado (Fig. 31). Uma vez que P>0,05, não existem diferenças estatisticamente significativas entre as amostras comparadas.

Pair of Variables	Wilcoxon Matched Pairs Test (посл) Marked tests are significant at p <,05000			
	Valid N	T	Z	p-value
IgG мышей до физ. нагрузки & IgG мышей после физ.нагрузки	15	29,50000	1,732284	0,083224

Figura 31: Tabela com os resultados do teste de Wilcoxon.

CAPÍTULO 3

Comparações múltiplas (comparações de vários grupos).

O teste t de Student e os seus análogos não paramétricos acima referidos foram concebidos para comparar **apenas duas amostras**. No entanto, muitas vezes este teste é utilizado para comparações em 3 ou mais amostras, o que aumenta drasticamente a probabilidade do primeiro tipo de erro (o primeiro tipo de erro é a probabilidade de rejeitar falsamente a hipótese nula, ou seja, de encontrar diferenças onde não existem). A probabilidade máxima admissível deste erro é de 5%.

Suponhamos que é necessário efetuar comparações de 3 grupos independentes. Para o efeito, é suposto efetuar 3 comparações entre pares: gr. 1 x 2; gr. 1 x 3 e gr. 2 x 3. Isto significa que o controlo do primeiro tipo de erro só pode ser assegurado dividindo o valor do nível de significância nominal pelo número de comparações entre pares. Neste caso 3, obtém-se 0,05/3=0,017. Assim, a hipótese nula é rejeitada se o nível de significância alcançado utilizando o critério de Student emparelhado for P<0,017.

Para evitar este erro, é necessário utilizar métodos especiais de análise estatística para comparações múltiplas. O algoritmo de escolha deste método de análise estatística pode ser apresentado sob a forma do seguinte esquema:

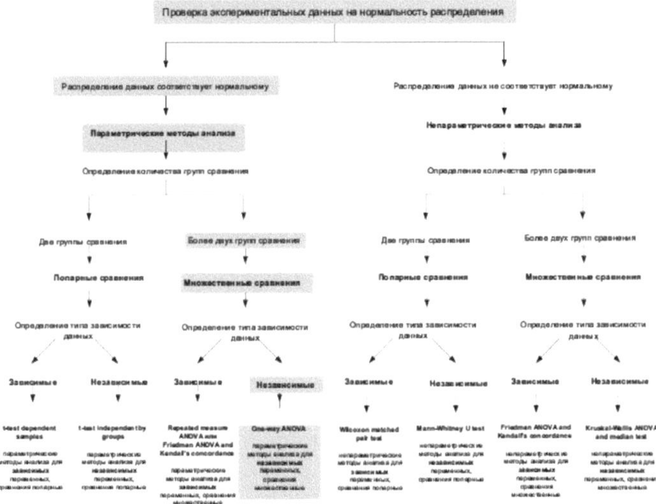

Fig. 32. Esquema para a escolha do método de análise estatística na comparação de três ou mais grupos independentes, desde que os dados estejam de acordo com a lei da distribuição normal

Análise de variância de um fator (One-way ANOVA).

Como exemplo, que requer a utilização da análise de variância, podemos considerar o estudo dos parâmetros bioquímicos do sangue em vários grupos de pacientes que sofrem da doença de Parkinson, bem como num grupo de indivíduos condicionalmente saudáveis. O primeiro grupo - pessoas condicionalmente saudáveis (controlo), o segundo grupo - doentes na fase inicial da doença, o terceiro grupo - doentes na fase tardia da doença. Nestes grupos foi investigado um índice bioquímico como a quantidade de alfa-sinucleína no plasma sanguíneo. Uma vez que existem mais de dois grupos de estudo e, consequentemente, mais de dois grupos de comparação, utilizaremos uma análise de variância de um fator. Para efetuar este tipo de análise, os resultados do estudo devem ser introduzidos na tabela de acordo com as regras de tratamento de dados para grupos independentes (ver página 14).

1) No menu **Estatísticas,** inicie o módulo **One-way ANOVA** (Figura 33). Em seguida, seleccione o tipo de análise **One-way ANOVA**.

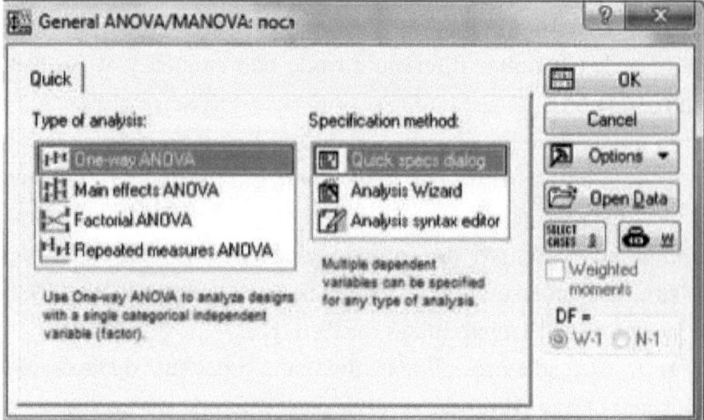

Fig. 33. A janela de diálogo do módulo de análise de variância 2. Clique no botão **Variáveis** e seleccione as variáveis dependentes e de agrupamento

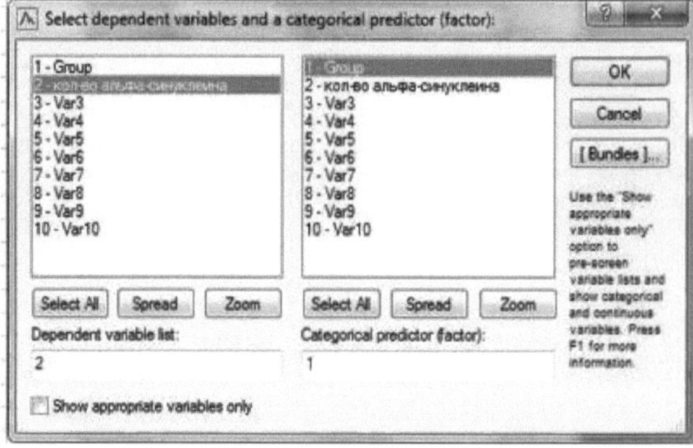

Figura 34. Janela de diálogo para selecionar as variáveis a analisar 3. Clique nos botões: **Fator codes / All** (isto indicará ao software que todos os grupos experimentais devem ser analisados) / **OK** / **OK** (Fig. 35).

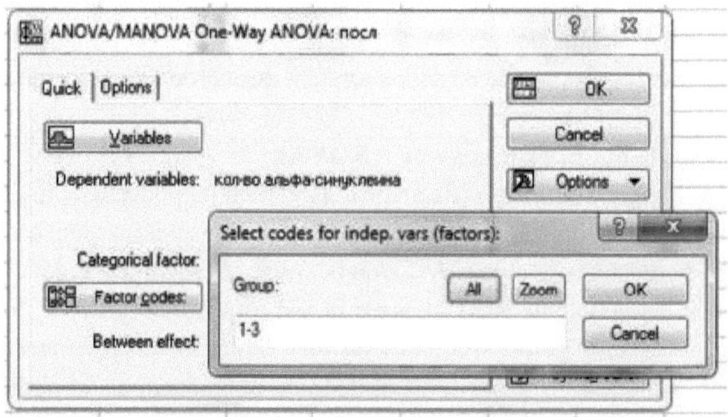

Figura 35. Janela de diálogo para selecionar os códigos dos grupos estudados

Como resultado, aparecerá uma janela com 8 separadores (Fig. 36), aberta automaticamente no separador **Rápido**.

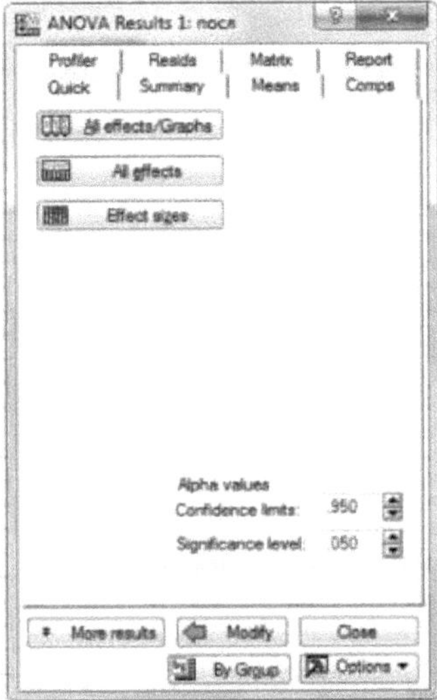

Figura 36. A janela de diálogo para selecionar os resultados da análise de variância

Ao clicar no botão **Todos os efeitos**, pode obter rapidamente os resultados da análise. No entanto, as análises em causa são paramétricas e, por conseguinte, requerem o cumprimento de um certo número de pré-requisitos:

1) Homogeneidade da variância (não há diferença estatisticamente significativa entre as medidas de dispersão dos dados dentro dos grupos);

2) Sujeição dos dados (em todos os grupos) à lei da distribuição normal;

3) O carácter independente das amostras.

Por conseguinte, a amostra deve ser verificada para garantir que cumpre estes requisitos. Para verificar a homogeneidade da variância, é necessário

1. Clique no botão **Mais resultados** localizado na parte inferior da janela **Resultados da ANOVA**.

2. Na janela que aparece (Figura 37), abra o separador Assumptions (Pressupostos).

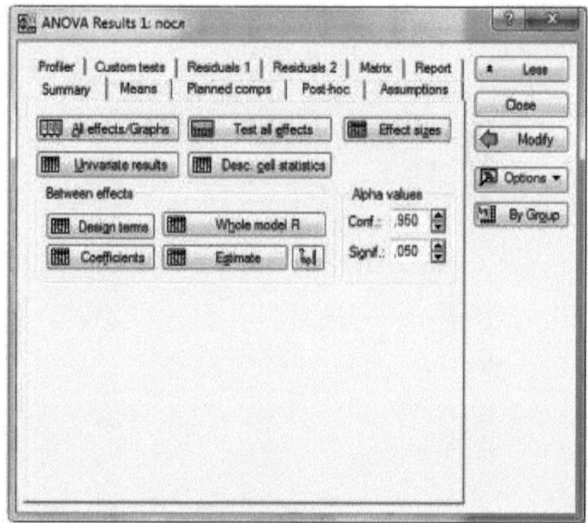

Figura 37. Janela de diálogo dos resultados da análise de variância adicional

3.   Na secção **Homogeneidade das variâncias/covariâncias,** clique no **teste de Levene** (Fig. 38).

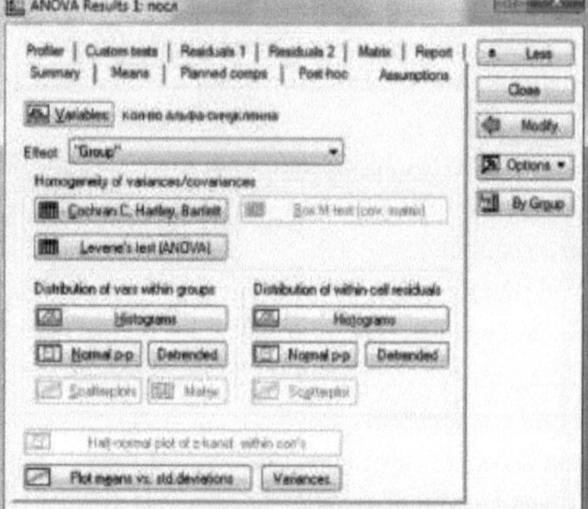

Figura 38. Janela de diálogo dos resultados da análise de variância adicional

O quadro que aparece mostra os resultados do teste de comparação das variâncias (Fig. 39). Se não houver diferenças entre as dispersões (P>0,05), então justifica-se a utilização da variante paramétrica da análise de variância. No nosso caso, não há diferenças (P = 0,12).

	Levene's Test for Homogeneity of Variances (посл) Effect: "Group" Degrees of freedom for all F's: 2, 21			
	MS Effect	MS Error	F	p
кол-во альфа-синуклеина	35,19565	15,09321	2,331887	0,121741

Figura 39. Resultados do teste de diferenças entre dispersões

Para verificar a "normalidade" **da** distribuição dos dados analisados, pode utilizar a opção disponível no campo **Distribuição das variáveis nos grupos**. No entanto, é preferível efetuar esta operação previamente, utilizando um módulo especial - **Ajuste de distribuição**.

Se todas as condições forem cumpridas, clique no botão **Testar todos os efeitos** no separador **Resumo** (Fig. 40).

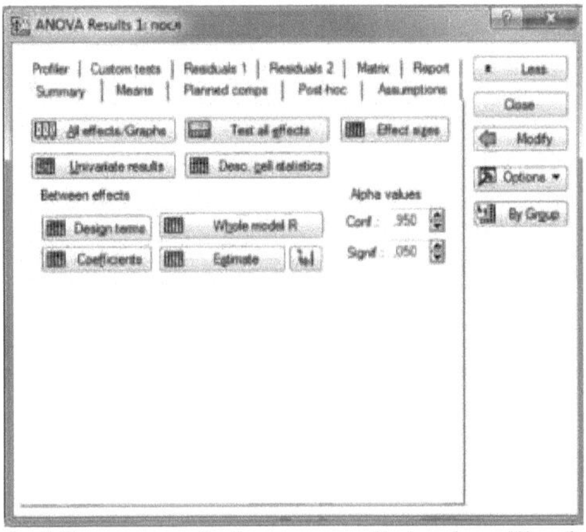

Figura 40. A janela de diálogo para selecionar os resultados da análise de variância

Na tabela apresentada (Fig. 41) é necessário encontrar a célula com o valor de erro P. Uma vez que, no nosso exemplo, $P < 0,05$, podemos concluir que a quantidade de alfa-sinucleína no plasma dos doentes dos diferentes grupos é estatisticamente diferente.

Effect	Univariate Tests of Significance for кол-во альфа-синуклеина (Sigma-restricted parameterization Effective hypothesis decomposition				
	SS	Degr. of Freedom	MS	F	p
Intercept	1834,555	1	1834,555	44,44760	0,000001
Group	498,408	2	249,204	6,03772	0,008482
Error	866,766	21	41,275		

Figura 41. Resultados da análise de variância

Análise post-hoc (Análise post-hoc).

Quando se efectua uma análise de variância, é importante compreender que esta só pode testar a hipótese de não existirem diferenças entre os grupos que estão a ser comparados como um todo. Não é possível descobrir que grupos diferem uns dos outros. Para responder a esta questão, são utilizados métodos de comparação múltipla, que fazem parte da chamada análise a posteriori **Análise post-hoc**. Estes métodos permitem comparações entre pares dos valores médios de todos os grupos incluídos na análise de variância.

Para efetuar comparações posteriores na janela **Resultados da ANOVA,** clique no botão **Mais resultados** (Fig. 36). Em seguida, é necessário abrir o separador **Post hoc** (comparações posteriores) (Fig. 42).

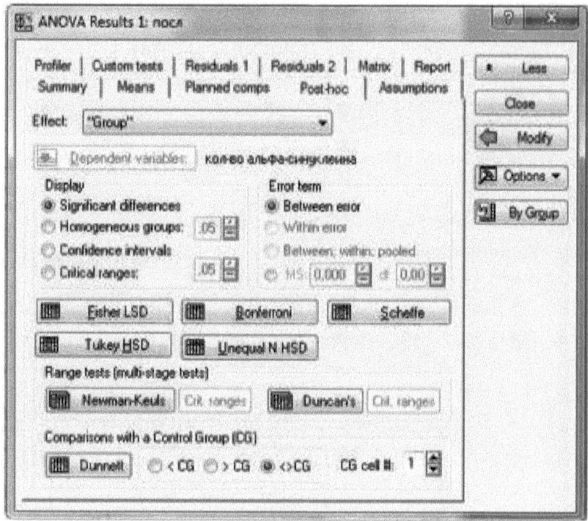

Figura 42. A janela de diálogo para selecionar os métodos de análise posterior

O programa STATISTICA oferece várias variedades de testes de comparação múltipla: **Fisher LSD, Bonferroni, Scheffe, Tukey HSD, Newman-Keuls, Duncan's, Dunnet** (diferem um pouco na potência). Os testes **Tukey HSD** e **Newman-Keuls** são os mais utilizados.

Ao clicar no botão do teste correspondente, pode obter uma tabela com uma matriz de valores P (Fig. 43).

Cell No	Group	(1) 15,159	(2) 5,0133	(3) 6,0562
		LSD test; variable кол-во альфа-синуклеина (посл)		
		Probabilities for Post Hoc Tests		
		Error: Between MS = 41,275, df = 21,000		
1	1		0,004737	0,009943
2	2	0,004737		0,748631
3	3	0,009943	0,748631	

Figura 43. Resultados da análise posterior

A Figura 43 mostra que se observa uma diferença estatisticamente significativa na quantidade de alfa-sinucleína entre o grupo de controlo e os doentes na primeira fase da doença, bem como entre o grupo de controlo e os doentes na segunda fase da doença. Não há diferença estatisticamente significativa na quantidade de alfa-sinucleína entre os grupos de pacientes. ANOVA de Friedman e análise de variância de concordância de Kendall (ANOVA de Friedman e concordância de Kendall).

A ANOVA de Friedman é utilizada se as amostras em estudo estiverem inter-relacionadas (dependentes). É importante referir que, sendo não paramétrica, não exige o cumprimento das condições de "normalidade" da distribuição e de homogeneidade das dispersões nos grupos estudados.

O algoritmo para selecionar este método de análise estatística pode ser apresentado sob a forma do seguinte esquema:

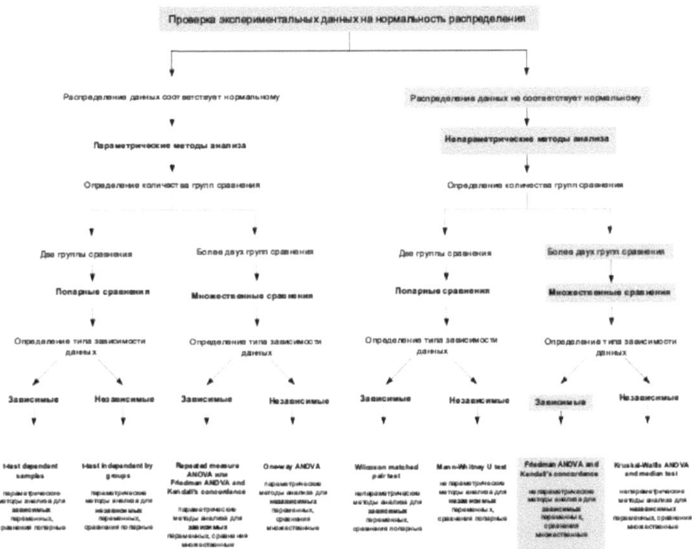

Fig. 44. Esquema para escolher o método de análise estatística quando se comparam três ou mais grupos dependentes na condição de os dados não estarem em conformidade com a lei da distribuição normal

A Fig. 44 apresenta dados sobre as alterações na quantidade de fosfolípidos no sangue dos atletas durante o processo de treino, bem como no período competitivo 20112012. É necessário averiguar se houve alterações significativas na quantidade de fosfolípidos até ao final da época desportiva. Uma vez que os mesmos atletas participaram no estudo, as amostras obtidas estão inter-relacionadas (dependentes). Utilizamos a análise de variância de Friedman para as comparar.

Introduzamos os resultados do estudo no quadro, de acordo com as regras de formatação de dados para grupos dependentes (ver páginas 20-21) (Fig. 45).

	1 24.11.2011	2 25.12.2011	3 22.01.2012	4 23.02.2012
1	1,19	1,77	1,56	1,22
2	1,8	1,09	1,39	2,21
3	1,9	1,21	1,34	2,89
4	2,12	1,02	2,24	2,3
5	1,06	0,72	1,7	2,1
6	1,5	1,3	1,47	1,11
7	1,7	1,4	1,6	1,4
8				

Figura 45. Exemplo de conceção de dados na comparação de três ou mais grupos dependentes

1. Inicie o módulo de análise a partir do menu: **Estatística / Não paramétrico / Comparação de amostras dependentes múltiplas** (Figura 46).

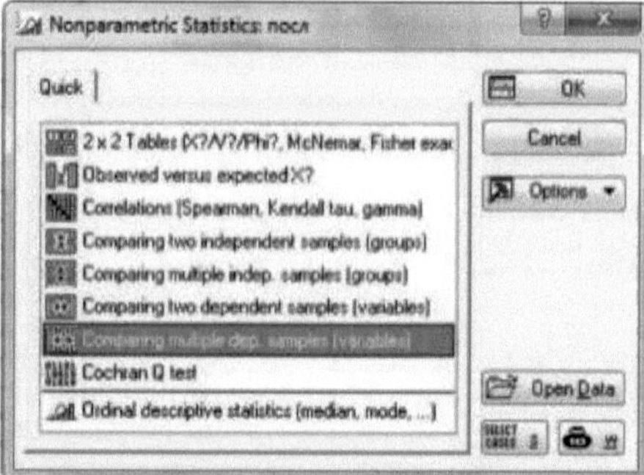

Figura 46. Janela de diálogo do módulo de análise de variância

2. Clique no botão **Variables (Variáveis)** e seleccione as variáveis a analisar (Fig. 47).

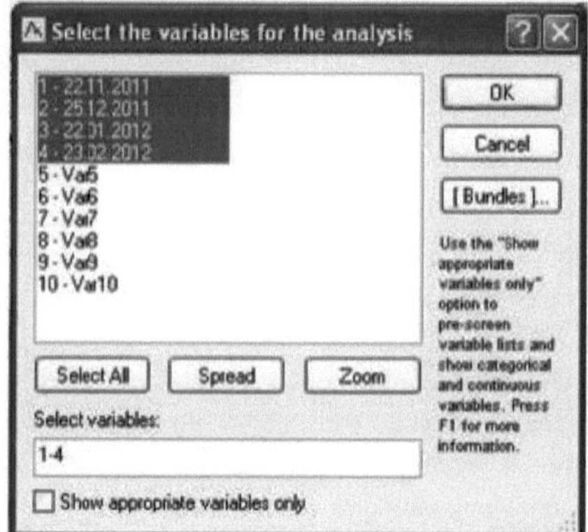

Figura 47. Janela de diálogo para selecionar as variáveis em estudo

3. clique em **Resumo:** ANOVA **de Friedman e concordância de Kendall** (Figura 48).

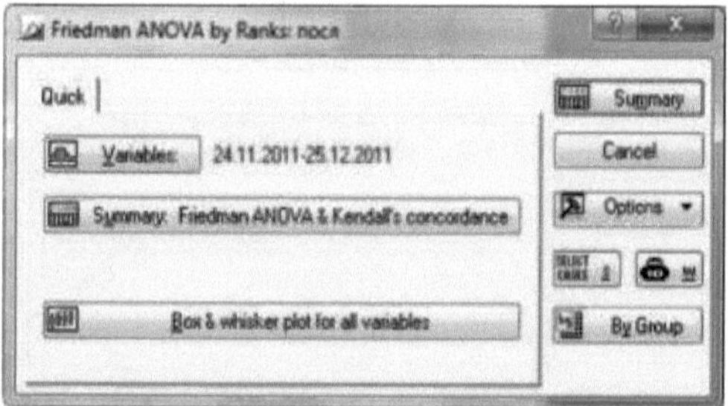

Figura 48. Janela de diálogo para lançar a análise de variância

2. Na tabela com os resultados, encontrar o valor de erro P (localizado no cabeçalho da tabela) (Fig. 49). Uma vez que no nosso caso P>0,05, portanto, não existem diferenças fiáveis entre a quantidade de fosfolípidos nos grupos estudados.

Na mesma rubrica, é apresentado o chamado Coeficiente de Concordância de Kendall (Coeff. of Concordance). Quanto mais próximo de 1 for o coeficiente de Kendall, mais diferenças entre os grupos.

Variable	Friedman ANOVA and Kendall Coeff. of Concordance (Spreadsheet1) ANOVA Chi Sqr. (N = 7, df = 3) = 4,304348 p = ,23042 Coeff. of Concordance = ,20497 Aver. rank r = ,07246					
	Average Rank	Sum of Ranks	Mean	Std.Dev.		
22.11.2011	2,714286	19,00000	1,610000	0,382840		
25.12.2011	1,642857	11,50000	1,215714	0,328677		
22.01.2012	2,714286	19,00000	1,614286	0,302316		
23.02.2012	2,928571	20,50000	1,890000	0,659798		

Figura 49. Resultados da análise de variância

No entanto, este método tem a mesma desvantagem que o seu análogo paramétrico (análise de variância de um fator). Permite testar apenas a hipótese de não existirem diferenças entre os grupos comparados no seu conjunto. Este tipo de análise não permite descobrir quais os grupos que diferem entre si.

Análise de variância de Kruskal-Wallis (Kruskal-Wallis ANOVA).

Como já foi referido, os dados experimentais obtidos na investigação biológica raramente obedecem à lei da distribuição normal. Além disso, muitas vezes a dimensão da amostra é demasiado pequena para se poderem tirar conclusões sobre o tipo de distribuição. Tudo isto torna impossível a aplicação da análise paramétrica da variância.

Uma saída para esta situação é a utilização da análise não paramétrica de variância (ou teste H) de Kruskal-Wallis (Kruskal-Wallis ANOVA).

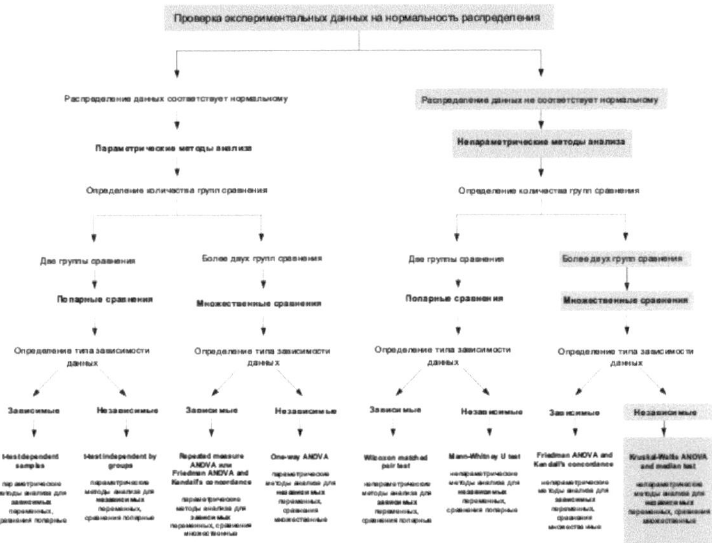

Fig. 50. Esquema da escolha do método de análise estatística quando se comparam três ou mais grupos independentes, desde que os dados não estejam em conformidade com a lei da distribuição normal Examinemos a aplicação da análise de variância de Kruskal-Wallis no seguinte exemplo: A Fig. 51 mostra dados sobre o número de células gliais em diferentes estruturas cerebrais. 51 mostra dados sobre o número de células gliais em diferentes estruturas cerebrais.

	1 Group	2 кол-во глиальных клеток
1	черн. субстанц.	87
2	черн. субстанц.	109
3	черн. субстанц.	41
4	черн. субстанц.	79
5	черн. субстанц.	106
6	черн. субстанц.	126
7	черн. субстанц.	85
8	черн. субстанц.	77
9	красн. ядра	32
10	красн. ядра	15
11	красн. ядра	20
12	красн. ядра	18
13	красн. ядра	24
14	красн. ядра	25
15	интраламинар. ядра	27
16	интраламинар. ядра	38
17	интраламинар. ядра	27
18	интраламинар. ядра	29
19	интраламинар. ядра	51
20		

[20]

Figura 51. Exemplo de disposição dos dados na comparação de três ou mais grupos independentes

Como se pode ver, o número de observações em cada departamento é pequeno (n não superior a 8), o que não nos permite avaliar corretamente a natureza da distribuição dos dados. Se recorrermos a um pequeno truque e juntarmos todos os dados disponíveis numa única população, verifica-se que a sua distribuição não segue a lei da distribuição normal.

Para descobrir se o número de células difere em diferentes partes do cérebro, aplicamos a análise de variância de Kruskal-Wallis. Note-se que os dados são tabulados de acordo com as regras para grupos independentes (ver páginas 13-14).

1. Inicie o módulo **Statistics / Nonparametrics / Comparing multiple independent samples a** partir do menu (Figura 52).

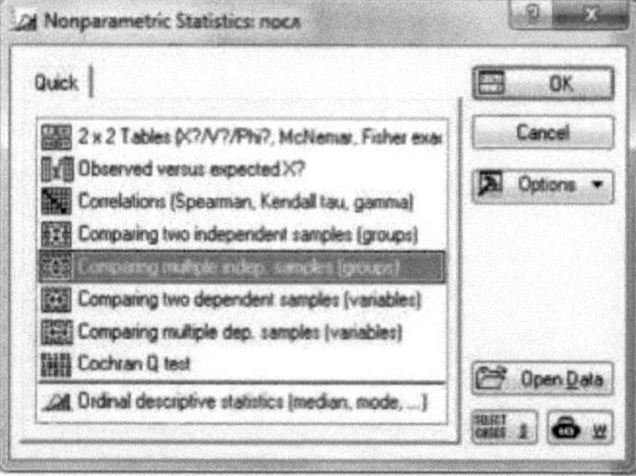

Figura 52. Janela de diálogo para selecionar a análise de variância

2. Clique no botão **Variables (Variáveis)** e seleccione as variáveis dependentes ("number of cells") e de agrupamento (Figura 53).

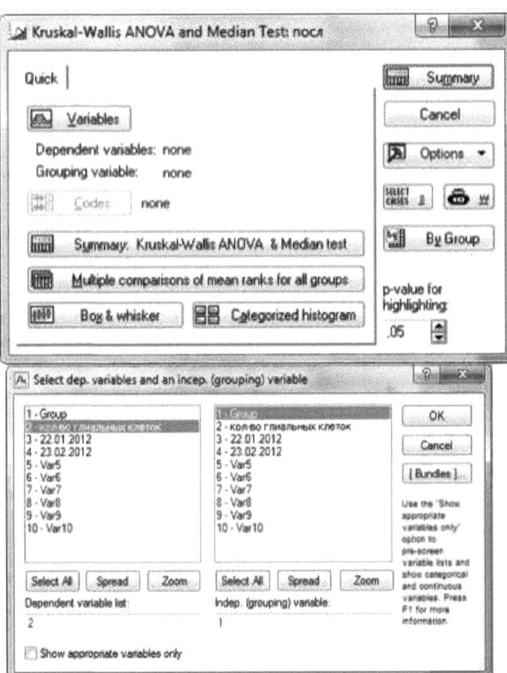

Figura 53. Janelas de diálogo para selecionar as variáveis estudadas 3. Em seguida, clique nos botões: **Fator codes** / **All** / **OK** (Fig. 54).

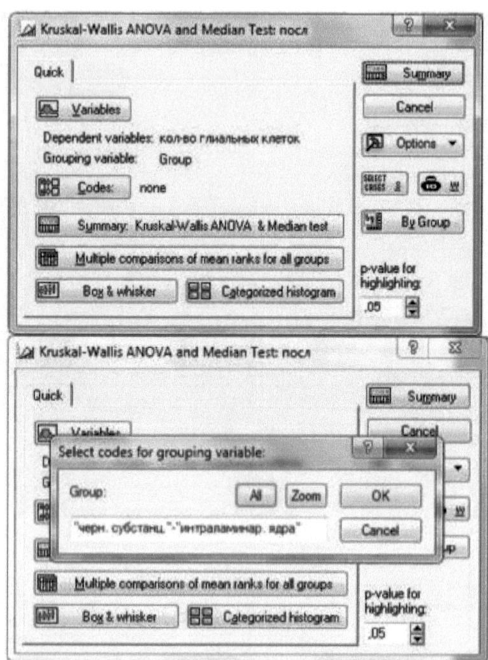

Figura 54. Janelas de diálogo para selecionar os códigos dos grupos estudados

4. Clique em **Summary**: Kruskal-Wallis ANOVA **and Median test** (Figura 55).

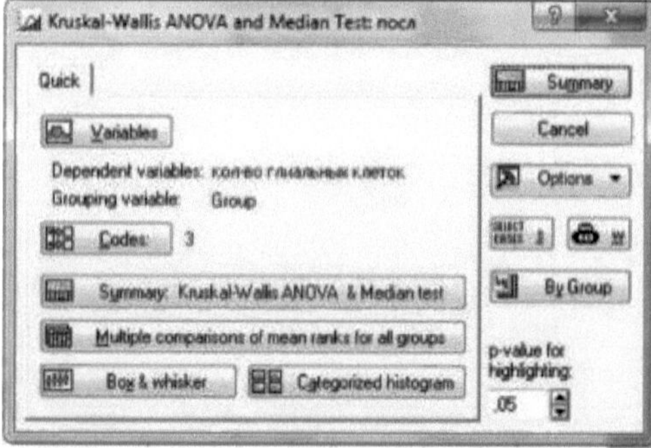

Figura 55. Janela de diálogo para lançar a análise de variância

4.   Na tabela com os resultados (Fig. 56), encontre o valor P do erro para a hipótese nula de que o número de células gliais em diferentes estruturas cerebrais não difere.

Depend.: кол-во глиальных клеток	Kruskal-Wallis ANOVA by Ranks; кол-во глиальных клеток (посл) Independent (grouping) variable: Group Kruskal-Wallis test: H (2, N= 19) =14,44188 p = 0007			
	Code	Valid N	Sum of Ranks	Mean Rank
черн. субстанц	101	8	123,0000	15,37500
красн. ядра	102	6	24,0000	4,00000
интраламинар. ядра	103	5	43,0000	8,60000

Is. 56. Resultados da análise de variância

Se P<0,05 (como no nosso exemplo), os grupos estudados são estatisticamente diferentes uns dos outros. Para além dos resultados do teste de Kruskal-Wallis, o programa oferece os resultados do chamado teste da mediana. Este teste testa a mesma hipótese nula, mas é menos poderoso.

ANOVA fatorial (ANOVA fatorial).

A análise fatorial destina-se a identificar a influência de vários factores (condições) ou a sua combinação na variação do atributo estudado. Por outras palavras, permite estudar a dependência de qualquer atributo quantitativo (dependente) em relação a um ou mais atributos qualitativos (factores).

Vejamos como funciona a análise fatorial, utilizando o seguinte exemplo: digamos que precisamos de responder à pergunta: Como é que a idade, o sexo e o nível de educação afectam a tensão arterial?

Suponhamos que todos os indivíduos que participaram no estudo podem ser divididos em 4 grupos de acordo com a sua idade:

gr. 1: até 30 anos;

gr. 2: 31 a 40 anos de idade;

gr. 3: de 41 a 50 anos de idade;

gr. 4: mais de 51 anos.

De acordo com o nível de ensino, os sujeitos podem ser divididos em 3 grupos: gr. 1: ensino superior;

gr. 2: ensino secundário;

gr. 3: sem educação.

Além disso, conhecemos a pressão arterial sistólica (PAS) de cada participante no estudo, bem como o seu género.

Assim, a ADS é uma caraterística quantitativa, enquanto "Idade", "Sexo" e "Educação" são os factores cuja influência temos de investigar.

Antes de procedermos à análise, vamos introduzir os dados na tabela. Note-se que todos os dados estão dispostos em colunas verticais. As primeiras 3 colunas são atributos qualitativos (factores) ou variáveis de agrupamento, a quarta coluna é a variável dependente (Figura 57).

	1 пол	2 возраст	3 образование	4 САД
1	M	1	c	120
2	W	1	v	125
3	M	1	n	130
4	M	2	c	141
5	M	3	v	160
6	M	4	n	161
7	M	4	n	135
8	W	3	c	123
9	M	1	v	130
10	M	2	v	128
11	M	2	v	141
12	M	3	c	161
13	M	3	n	167
14	W	4	n	125
15	W	1	n	129
16	W	2	v	142
17	M	3	c	165
18	M	4	c	161
19	M	4	c	159

Figura 57. Exemplo de conceção de dados para análise de factores

1. A partir do menu **Estatísticas / ANOVA,** inicie o módulo **ANOVA Fatorial** (Figura 58).

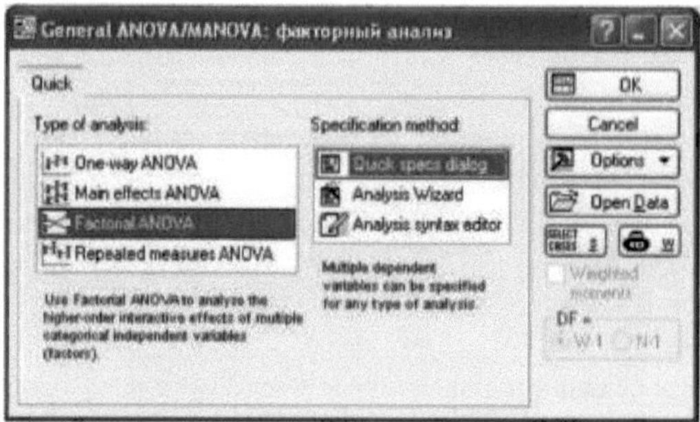

Figura 58. Janela de diálogo para selecionar a análise fatorial

2. Na janela que aparece, clique no botão **Variáveis** e seleccione as variáveis de agrupamento (Sexo, Idade, Escolaridade) e a variável dependente (ADS) (Figura 59).

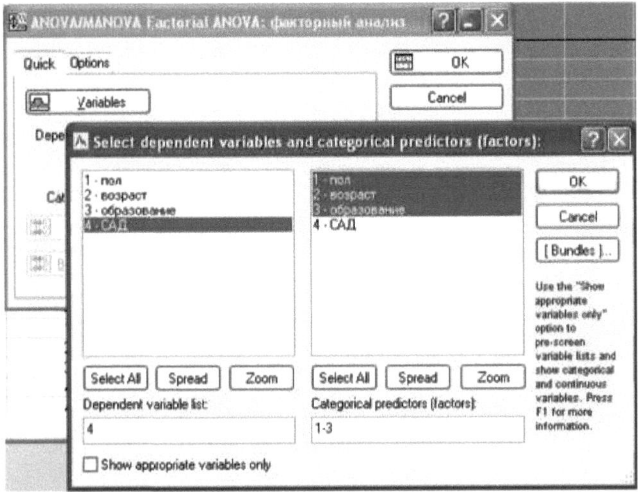

Figura 59. Janela de diálogo para selecionar o agrupamento e as variáveis dependentes

3.   Em seguida, clique no botão **Código do fator**, especifique os códigos dos factores cuja influência deve ser avaliada. Como não há muitos factores, clique no botão **Todos** (Fig. 60).

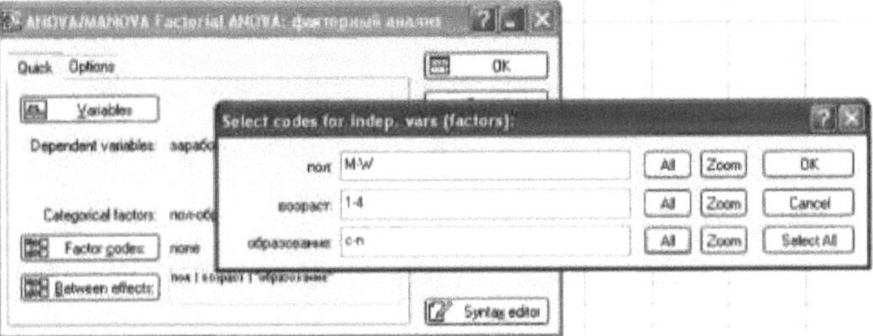

Figura 60. Janela de diálogo para seleção dos códigos dos factores

4.   Não é necessário definir os códigos dos factores: se clicar em **OK**, o programa define-os automaticamente. Como resultado, aparece uma janela com 8 separadores. Depois de selecionar o separador **Resumo,** clique no botão **Testar todos os efeitos** (Fig. 61).

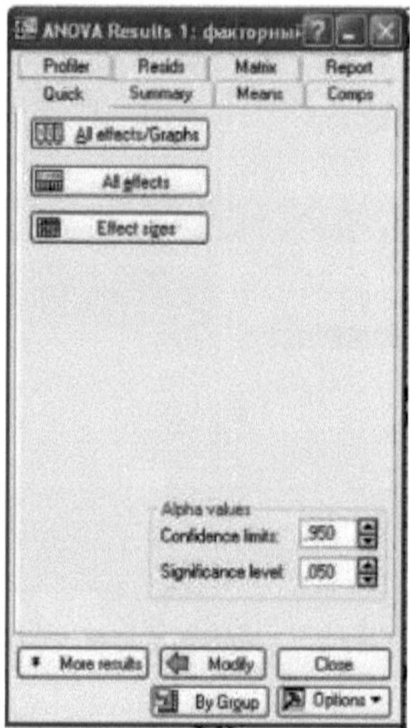

Figura 61. Janela de diálogo para seleção dos códigos dos factores

Como resultado, aparecerá uma tabela com os resultados da análise de variância (Fig. 62). No final das linhas deste quadro, são dadas as probabilidades de erro para as hipóteses nulas sobre a ausência de influência dos factos "Sexo", "Idade" e "Educação" no nível de CAD.

Effect	Univariate Tests of Significance for САД (факторн Sigma-restricted parameterization Effective hypothesis decomposition				
	SS	Degr. of Freedom	MS	F	p
Intercept	1267884	1	1267884	8587.862	0.00000
пол	18	1	18	0.123	0.72720
возраст	1258	3	419	2.839	0.04358
образование	283	2	141	0.957	0.38852
пол*возраст	1606	3	535	3.626	0.01676
пол*образование	369	2	185	1.250	0.29237
возраст*образование	671	6	112	0.758	0.60526
пол*возраст*образование	1555	6	259	1.755	0.12006
Error	11073	75	148		

Figura 62. Resultados da análise fatorial

O quadro mostra que a "Idade" tem o efeito mais significativo na DAC: P<0,05. Não conseguimos provar um efeito semelhante para o "Género" e a "Educação" nesta experiência ($P > 0,05$). As linhas "Sexo\Idade", etc. dizem respeito à influência mútua dos factores estudados na DAC. Como se pode verificar, a maior interação (influência mútua) no valor da DAC é exercida pelos factores "Género" e "Idade" ($P > 0,05$).

Para avaliar as diferenças nos valores médios de CAD entre categorias, podem ser utilizadas médias gráficas.

1. Clique no botão **All effects/Graphs (Todos os efeitos/Gráficos)**. A janela resultante (Figura 63) lista todos os efeitos em consideração. Os efeitos estatisticamente significativos estão assinalados com *.

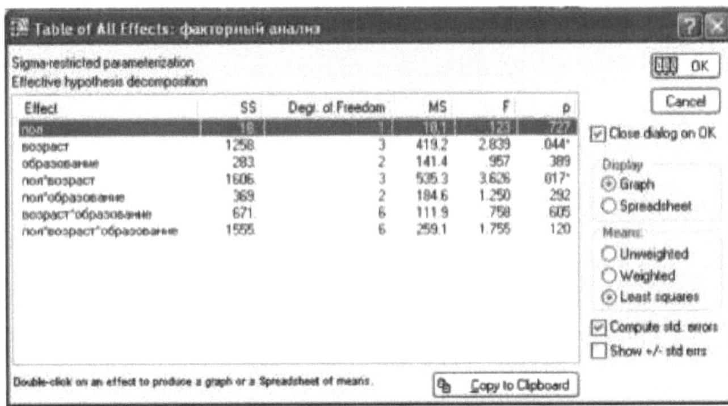

Figura 63. Resultados adicionais da análise de factores

2. Seleccione o efeito **Idade**, no grupo **Apresentação**, especifique **Folha de cálculo** e clique em **OK.**

O quadro que aparece mostra, para cada nível de efeito, os valores médios da variável dependente CAD, o erro padrão e os limites de confiança (Fig. 64).

Célula nº.	idade; LS Médias (análise fatorial) Efeito atual: F(3, 75)=2.8392 p=.04358 Decomposição eficaz de hipóteses					
	idade	SAD Média.	SAD Std. Err.	JARDIM -95 00%	SAD +95 00%	
1	1	135.6667	3.788611	128.1194	143.2140	15
2	2	141.6071	3.061660	135.5080	147.7063	25
3	3	145.3899	3.033626	139.3466	151.4332	28
4	4	147.7734	2.227169	143.3367	152.2102	31

Figura 64. Tabela da pressão arterial sistólica (PAS) em todos os grupos etários

É conveniente apresentar esta tabela sob a forma de um gráfico. Para isso, seleccione **Gráfico** no grupo **Mostrar** e clique em **OK.** Aparecerá o gráfico correspondente (Figura 65).

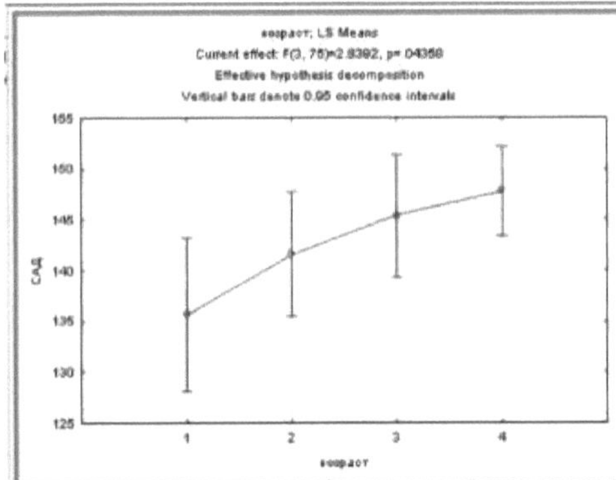

Figura 65. Gráfico de indicadores de rendimento médio em diferentes grupos etários

O gráfico mostra claramente como os valores médios da DAC mudam em diferentes grupos etários (dependendo do fator "Idade").

Para além de avaliar a influência dos factores em estudo ("Idade", "Escolaridade" e "Género") e das suas interacções nas pontuações do SAD, é importante perceber qual a proporção da variabilidade que explicam.

1. No separador **Summary (Resumo),** clique no botão Whole model R (Todo o modelo R)

(Figura 66) e aparecerá a tabela correspondente (Figura 67).

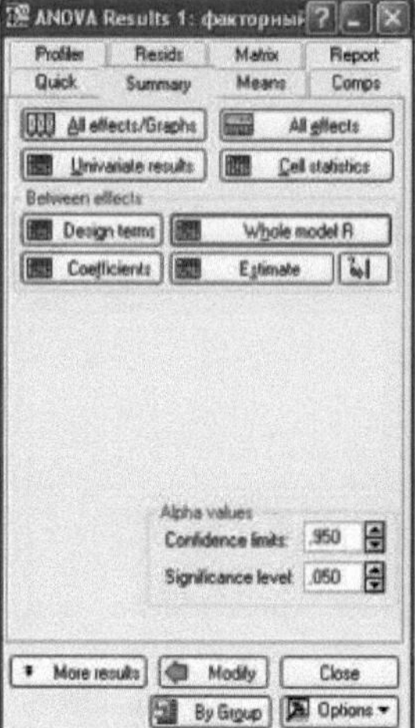

Figura 66. Janela de diálogo para seleção dos códigos dos factores

Dependent Variable	Test of SS Whole Model vs. SS Residual (факторный анализ)										
	Multiple R	Multiple R?	Adjusted R?	SS Model	df Model	MS Model	SS Residual	df Residual	MS Residual	F	p
САД	0.586255	0.343695	0.142428	5798.595	23	252.1128	11072.76	75	147.6368	1.707656	0.043807

Figura 67. Tabela do modelo SS e resíduos SS

O coeficiente **R (R múltiplo)**, o quadrado do coeficiente de correlação múltipla ou o coeficiente de determinação, é o mais interessante. Mostra quanto da variabilidade é explicada pelo modelo. Quanto mais próximo R estiver de um, melhor é o modelo construído. No nosso caso, R2 = 0,58, o que indica que a qualidade do modelo não é muito boa. Podemos dizer que o nível de DAC é 58% determinado pelos factores incluídos no nosso modelo ("Sexo", "Idade" e "Educação"). No entanto, outros factores não incluídos no nosso modelo também influenciam o nível de DAC.

Análise de variância com ANOVA de medidas repetidas (ANOVA de medidas repetidas).

O tipo de análise de variância descrito acima aplica-se apenas quando existe apenas uma variável dependente. Se existirem várias variáveis dependentes e estas resultarem de medições repetidas da mesma caraterística, são utilizados métodos de análise de variância de medidas repetidas.

Analisemos este tipo de análise através de um exemplo semelhante (ver análise fatorial). Avaliemos a influência dos factores "Idade", "Sexo" e "Educação" no valor da pressão arterial sistólica (PAS). Vamos assumir que a CAD foi medida duas vezes após um determinado período de tempo. Assim, vamos lidar com a medição repetida da mesma caraterística.

Introduzimos os dados das medições repetidas no quadro, numa coluna separada (Fig. 68).

	1 пол	2 возраст	3 образование	4 САД	5 САД1
1	M	1	c	120	123
2	W	1	v	125	125
3	M	1	n	130	134
4	M	2	c	141	140
5	M	3	v	160	163
6	M	4	n	161	162
7	M	4	n	135	136
8	W	3	c	123	127
9	M	1	v	130	132
10	M	2	v	128	127
11	M	2	v	141	140
12	M	3	c	161	167
13	M	3	n	167	167
14	W	4	n	125	128
15	W	1	n	129	134
16	W	2	v	142	149
17	M	3	c	165	164
18	M	4	c	161	163
19	M	4	c	159	161
20	M	3	v	133	131
21	M	2	v	121	124
22	M	1	n	137	138
23	W	4	v	147	150
24	W	3	n	131	130
25	W	2	n	135	136

Figura 68. Exemplo de conceção de dados para análise fatorial com medidas repetidas

1) No menu **Estatísticas / ANOVA,** inicie o módulo **ANOVA de medidas repetidas** (Figura 69).

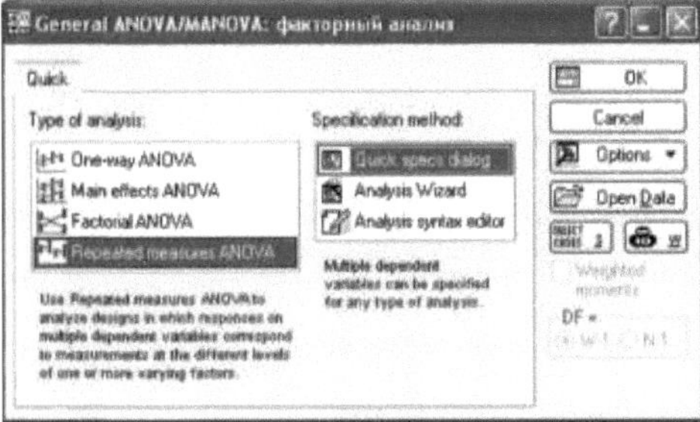

Figura 69. Janela de diálogo para selecionar a análise fatorial com medidas repetidas

2. Na janela que aparece, clique no botão **Variáveis** e seleccione as variáveis de agrupamento ("Gender", "Age", "Education") e as variáveis dependentes (CAD e CAD1) (Fig. 70).

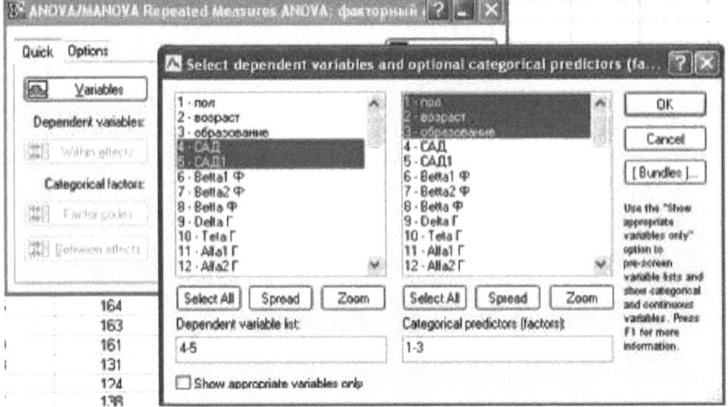

Figura 70. Janela de diálogo para selecionar variáveis de agrupamento e dependentes 3. Clique no botão **Within effects**. Na janela que se abre, no campo **Nome do Fator,**

41

especifique o nome do fator de medidas repetidas, por exemplo "Educação" (por defeito, o programa oferecerá a seleção de um fator para medidas repetidas com o nome R). No campo **N.º de níveis,** pode especificar o número de medições repetidas; no nosso caso, são 2 (Fig. 71).

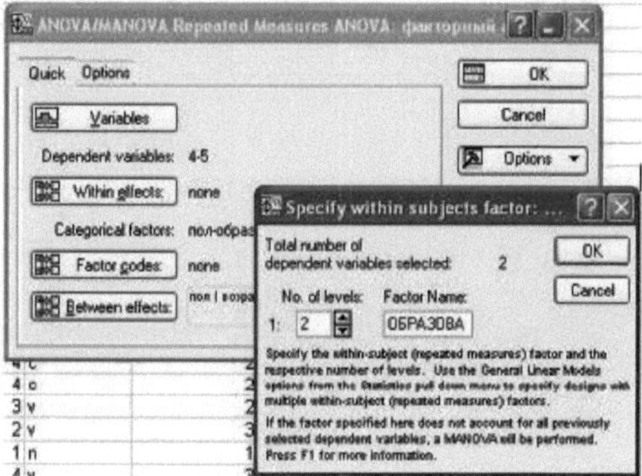

Figura 71. Janela de diálogo para seleção do fator de medições repetidas

3.   Premir o botão **Código do fator,** especificar os códigos dos factores cuja influência deve ser avaliada (Fig. 72). Uma vez que não existem muitos factores, clique no botão **Todos**. Não é necessário especificar os códigos dos factores: se clicar em **OK**, o programa define-os automaticamente.

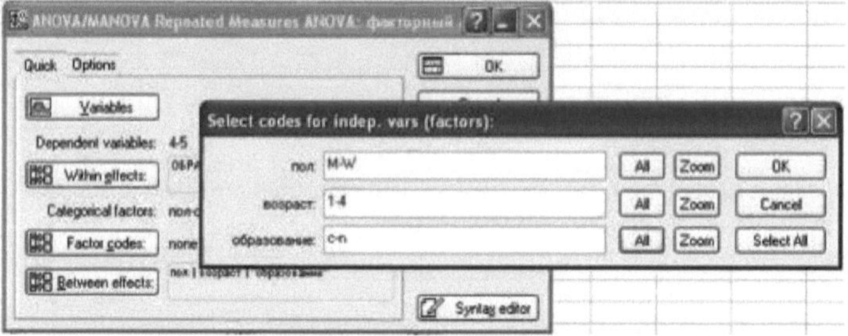

Figura 72. Janela de diálogo para seleção dos códigos dos factores

4.   Prima **OK**. Aparecerá a janela familiar com 8 separadores. Seleccionando o separador **Resumo**, clique no botão **Testar todos os** efeitos. *A* tabela mostra que a hipótese de desigualdade da média é verdadeira para o fator "Idade" e para a combinação de factores "Sexo / Idade". Factores como "Educação" e "Género", separadamente, não têm qualquer efeito no valor de CAD (Fig. 73).

Effect	Repeated Measures Analysis of Variance (факторн Sigma-restricted parameterization Effective hypothesis decomposition				
	SS	Degr. of Freedom	MS	F	p
Intercept	2574179		2574179	9215.447	0.000000
(1)пол	11		11	0.040	0.841285
(2)возраст	2471	3	824	2.949	0.038139
(3)образование	552	2	276	0.989	0.376776
пол*возраст	3005	3	1002	3.586	0.017583
пол*образование	642	2	321	1.150	0.322268
возраст*образование	1065	6	177	0.635	0.701564
пол*возраст*образование	2953	6	492	1.762	0.118506
Error	20950	75	279		
(4)ОБРАЗОВА	144		144	38.502	0.000000
ОБРАЗОВА*пол	7		7	1.885	0.173884
ОБРАЗОВА*возраст	2	3	1	0.152	0.927896
ОБРАЗОВА*образование	4	2	2	0.506	0.604664
ОБРАЗОВА*пол*возраст	10	3	3	0.852	0.469963
ОБРАЗОВА*пол*образование	11	2	5	1.405	0.251860
ОБРАЗОВА*возраст*образование	22	6	4	0.985	0.441355
4*1*2*3	7	6	1	0.329	0.919601
Error	281	75	4		

Figura 73. Resultados da análise fatorial

Para visualizar os resultados obtidos, tal como no caso da análise fatorial, pode utilizar vários efeitos gráficos, clicando no botão **Todos os efeitos/Gráficos** (Fig. 61).

CAPÍTULO 4

Análise de correlação.

Na investigação científica, é frequentemente necessário procurar relações entre diferentes atributos dos grupos em estudo (precipitação e rendimento das colheitas, altura e peso de uma pessoa, temperatura corporal e pulsação, etc.). Nos exemplos dados, os atributos estão relacionados entre si, uma mudança numa variável leva a uma mudança noutra.

Para resolver problemas deste tipo, são utilizadas diferentes variedades de análise de correlação. A análise de correlação permite estimar a direção da relação entre duas características (direta ou inversa), bem como expressá-la quantitativamente utilizando o coeficiente de correlação. Quanto mais próximo o coeficiente estiver de 1 (módulo), mais forte é a relação entre os atributos. O sinal do coeficiente (+ ou -) indica a direção da dependência.

Coeficiente de correlação de Pearson.

O coeficiente de correlação de Pearson pertence ao grupo dos métodos paramétricos de análise estatística e requer as seguintes condições obrigatórias:

1. A distribuição dos dados deve obedecer à lei da distribuição normal;

2. A relação entre as características deve ser de carácter linear.

Pode verificar os dados quanto à "normalidade" da **distribuição** utilizando o módulo **Ajuste de distribuição**. Este tipo de análise é discutido em pormenor acima. Para avaliar a linearidade da relação entre os atributos, pode utilizar o módulo Gráficos de dispersão. Este procedimento é descrito em pormenor na secção Análise de Regressão.

Suponhamos que é necessário descobrir se existe uma relação entre o diâmetro do corpo e o núcleo de uma célula nervosa. Para o efeito, foram feitas medições adequadas em 12 células. Os dados obtidos são mostrados na Figura 74.

	1 диаметр нейрона	2 диаметр ядра нейрона
1	18	3
2	14	2
3	16	2,5
4	15	2,5
5	19	4
6	21	4
7	22	5
8	19	3
9	23	5
10	20	5

Figura 74. Exemplo de disposição dos dados para análise de correlação

Para calcular o coeficiente de correlação de Pearson, é necessário

1. Comece pelo menu **Estatísticas / Estatísticas Básicas / Tabelas /** Matrizes de Correlação (Figura 75).

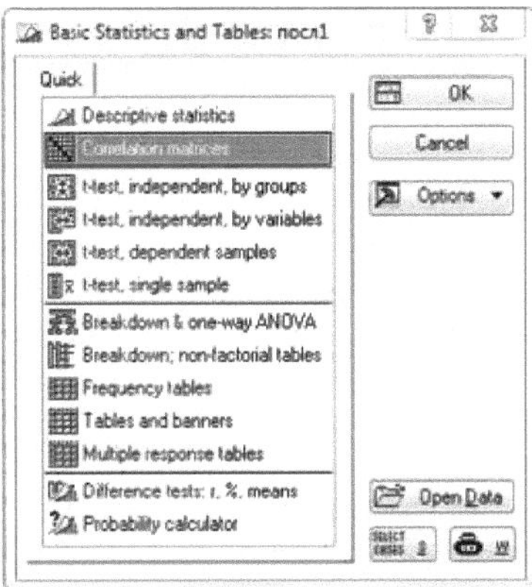

Figura 75. Caixa de diálogo de seleção da matriz de correlação 2. Seleccione as variáveis a serem analisadas. Para o fazer, clique no botão **Uma lista de variáveis** ou **Duas listas (matriz rect.)**. No primeiro caso, as variáveis são seleccionadas a partir de uma lista, e no segundo caso - a partir de duas listas (Fig. 76).

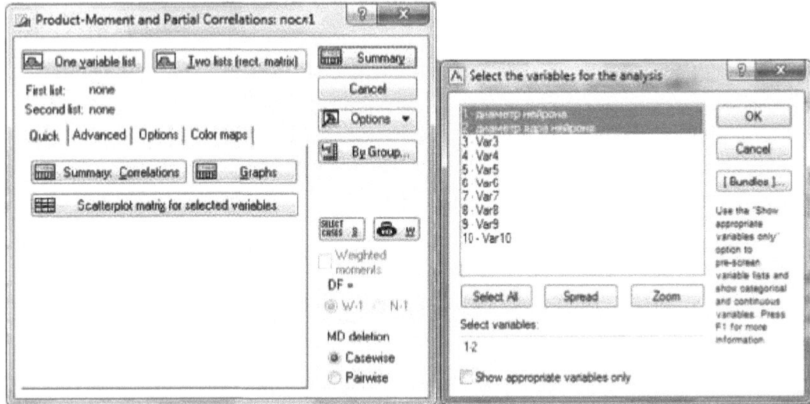

Figura 76. Janelas de diálogo para selecionar variáveis, cuja ligação deve ser verificada
3. clicar no botão **Resumo:** Matriz de **correlação**. É apresentada uma tabela com os coeficientes de correlação calculados (Figura 77).

Variable	Correlations (Spreadsheet5) Marked correlations are significant at p < ,05000 N=10 (Casewise deletion of missing data)			
	Means	Std.Dev.	диаметр нейрона	диаметр ядра нейрона
диаметр нейрона	18.70000	2.983287	1.000000	0.916636
диаметр ядра нейрона	3.60000	1.149879	0.916636	1.000000

Figura 77. Resultado do cálculo do coeficiente de Pearson No nosso caso, o coeficiente de correlação é positivo e muito elevado (r = 0,92). Isto indica um grau de correlação direto e muito elevado entre o diâmetro do corpo celular e o diâmetro do seu núcleo. Para além do

cálculo do coeficiente de correlação, o programa avalia também o seu significado estatístico. Os coeficientes de correlação estatisticamente significativos são realçados a vermelho (P < 0,05).

Coeficiente de correlação de Spearman.

Suponhamos que, ao calcular o coeficiente de correlação de Pearson para o diâmetro do corpo do neurónio e do seu núcleo, se verificava que os valores destas características não obedeciam à lei da distribuição normal. A aplicação do coeficiente de correlação de Pearson numa situação destas conduzirá a conclusões que não correspondem à realidade. Neste caso, é necessário utilizar um dos coeficientes de correlação não paramétricos. O coeficiente de correlação de Spearman é um deles.

Considerar a sua aplicação:

1. No menu **Estatísticas / Não paramétricas,** execute o módulo **Correlações** (Spearman, **Kendall tau, gama)** (Figura 78).

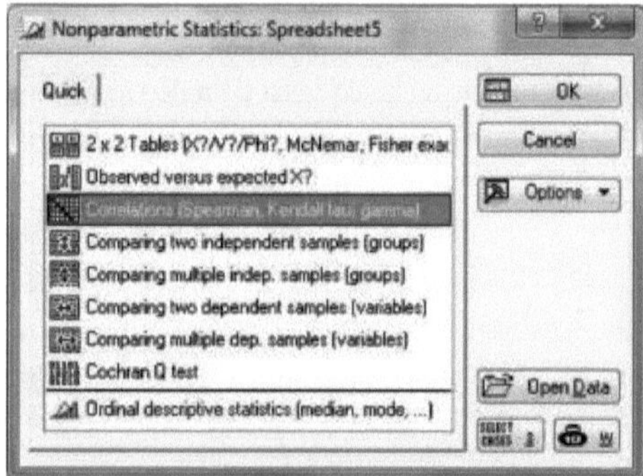

Figura 78. Janela de diálogo de seleção da matriz de correlação

2. Clique no botão **Variables (Variáveis)** e seleccione as colunas que contêm os dados necessários (Fig. 79).

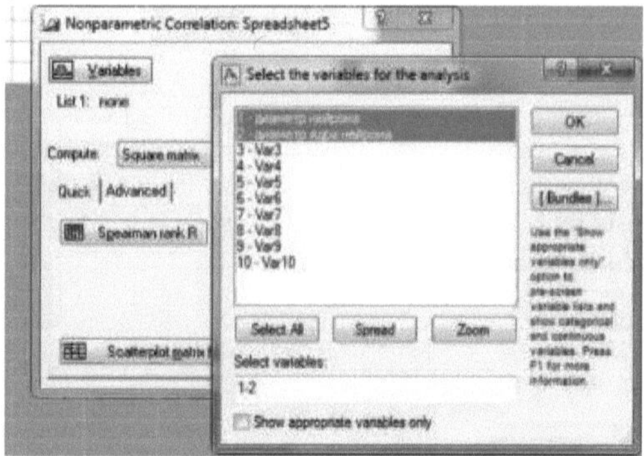

Figura 79. Janela de diálogo para selecionar as variáveis, entre as quais é necessário controlo

3. Prima o botão **Spearman R** ou **Spearman rank R**. É apresentada uma tabela com os resultados da análise (Fig. 80).

Variable	Spearman Rank Order Correlations (Spreadsheet5) MD pairwise deleted Marked correlations are significant at p < .05000	
	диаметр нейрона	диаметр ядра нейрона
диаметр нейрона	1.000000	0.938051
диаметр ядра нейрона	0.938051	1.000000

Figura 80. Resultado do cálculo do coeficiente de correlação de Spearman

Como se pode verificar, o coeficiente de Spearman foi ainda mais elevado do que o coeficiente de Pearson calculado anteriormente.

Coeficiente de associação (parentesco).

A aplicação dos coeficientes de correlação de Pearson e Spearman só é possível se os atributos estudados forem de natureza quantitativa. No entanto, em biologia, os atributos são muitas vezes de natureza qualitativa (sexo, cor, forma, estado, etc.). Nestes casos, a análise de correlação clássica não é possível. No entanto, para estes traços, é também possível calcular o grau de parentesco. O coeficiente de associação ou de parentesco φ (phi) permite-nos fazer isso. Quanto mais próximo de 1 for este coeficiente, mais forte é a relação.

Vejamos a aplicação deste ensaio num exemplo imunológico. Um grupo de 111 ratos foi dividido em grupos de 57 e 54 animais. O primeiro grupo foi infetado com bactérias patogénicas, seguido da injeção de anticorpos. Os animais do segundo grupo também foram infectados, mas não lhes foram administrados anticorpos (este grupo é o grupo de controlo).

Após o período de incubação, foram contados os animais mortos e sobreviventes em ambos os grupos. Um total de 38 animais morreram e 73 sobreviveram. No primeiro grupo, morreram 13 animais e no segundo grupo, morreram 25 animais. É necessário compreender se existe uma relação entre a administração de anticorpos e a sobrevivência dos animais? Os dados obtidos devem ser apresentados sob a forma de uma tabela de *contiguidade* 2x2 (uma tabela de quatro campos, ou uma tabela com duas entradas) Tabela 1.

Quadro 1: Quadro de contiguidade

	perecido	sobreviventes
Bactérias + soro	13	44
Bactérias	25	29

1. A partir do menu **Estatísticas / Não paramétricas,** inicie o módulo de análise de tabelas quadráticas **2X2 Tables** (Fig. 81).

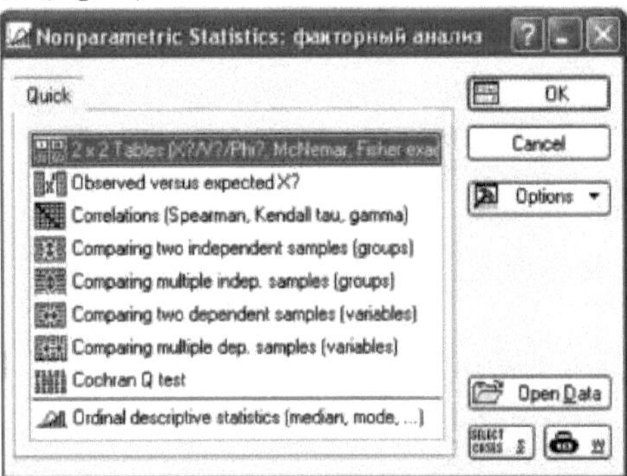

Figura 81. Janela de diálogo para selecionar o cálculo do coeficiente de associação

2. Registar o número de animais em cada um dos grupos experimentais de acordo com o quadro acima (Fig. 82).

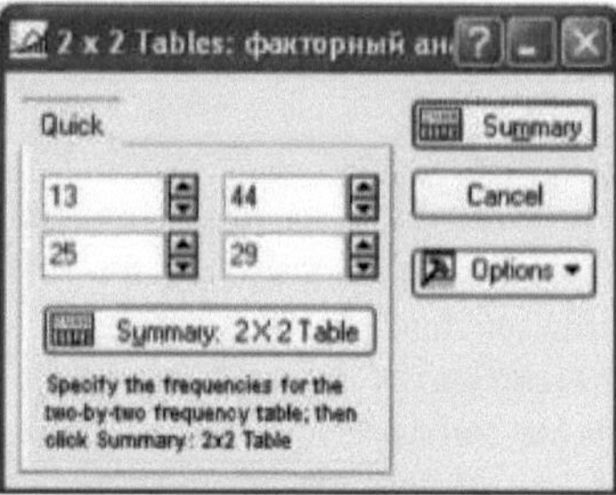

Figura 82. Módulo de análise de tabelas de contingência

3. Premir o botão **Resumo**. Como resultado, aparece um quadro com um conjunto de indicadores estatísticos (Fig. 83).

	2 x 2 Table (факторный анализ)		
	Column 1	Column 2	Row Totals
Frequencies, row 1	13	44	57
Percent of total	11,712%	39,640%	51,351%
Frequencies, row 2	25	29	54
Percent of total	22,523%	26,126%	48,649%
Column totals	38	73	111
Percent of total	34,234%	65,766%	
Chi-square (df=1)	6,80	p= ,0091	
V-square (df=1)	6,73	p= ,0095	
Yates corrected Chi-square	5,79	p= ,0161	
Phi-square	,06122		
Fisher exact p, one-tailed		p= ,0078	
two-tailed		p= ,0102	
McNemar Chi-square (A/D)	5,36	p= ,0206	
Chi-square (B/C)	4,70	p= ,0302	

Figura 83. Resultados da análise da tabela de contingência

Estamos interessados na linha Phi-square. Para dar a este coeficiente um valor positivo, ele é elevado ao quadrado. No nosso caso, phi-square é igual a 0,061. Depois de extrair a raiz, obtemos $\varphi = 0,247$ (esta operação deve ser efectuada de forma independente, não é fornecida neste módulo). Assim, a correlação entre a administração de anticorpos e a sobrevivência dos animais infectados é bastante fraca.

Para além do coeficiente de associação, esta tabela apresenta os valores do teste do *Qui-quadrado* (teste $\chi2$). Este teste testa a hipótese nula de que a relação entre a administração de anticorpos e a sobrevivência dos animais é aleatória. Uma vez que a probabilidade de erro, rejeitando esta hipótese, é inferior a 0,05 ($P = 0,0091$), podemos concluir que, apesar do fraco efeito da administração de anticorpos, a sobrevivência dos animais nos grupos de controlo e experimental ainda é estatisticamente significativamente diferente.

CAPÍTULO 5

Análise de regressão.

A análise de regressão, juntamente com a análise de correlação, é um dos métodos mais comuns de tratamento de dados experimentais no estudo das dependências. A essência desta análise consiste em determinar em que medida a alteração de uma variável (variável dependente) é causada pela influência de uma ou mais variáveis independentes (factores).

Uma vez que a análise de regressão pertence ao grupo dos métodos paramétricos de análise estatística, a sua aplicação requer o cumprimento de um certo número de condições obrigatórias:

1. carácter linear da dependência;

2. Distribuição "normal" dos dados.

Vamos efetuar uma análise de regressão sobre o exemplo dos índices de pressão arterial sistólica (PAS) em pessoas de diferentes idades.

Em primeiro lugar, vamos introduzir os dados obtidos durante o estudo na tabela (Figura 84)

	1 возраст	2 давление мм.рт.ст.	3 Var3
1	30	108	
2	30	110	
3	40	125	
4	40	120	
5	40	118	
6	50	132	
7	50	137	
8	50	134	
9	60	148	
10	60	151	
11	60	146	
12	60	147	
13	70	162	
14	70	156	
15	70	164	
16	70	159	

Figura 84. Exemplo de conceção de dados para análise de regressão

A análise de regressão pode ser efectuada em vários módulos do programa STATISTICA. Vamos utilizar o módulo de **Análise** de Regressão Múltipla.

1. Inicie o módulo correspondente a partir do menu: **Estatística** / Análise de Regressão **Múltipla** (Figura 85).

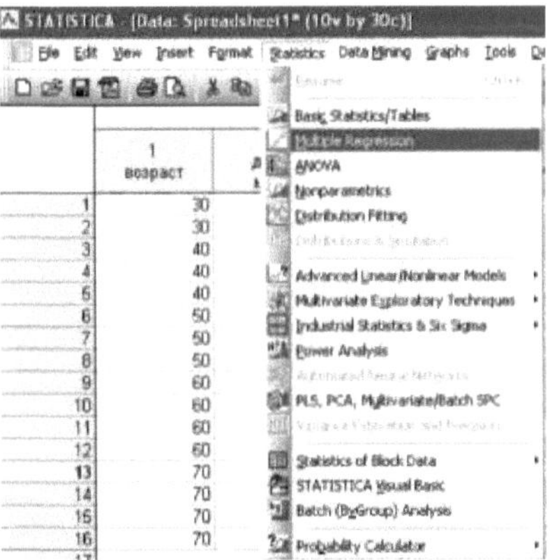

Figura 85. Janela de diálogo para selecionar a análise de regressão

2. Clique no botão **Variables (Variáveis)** e especifique a variável dependente e a variável independente (no nosso caso, o CAD depende da idade) (Fig. 86).

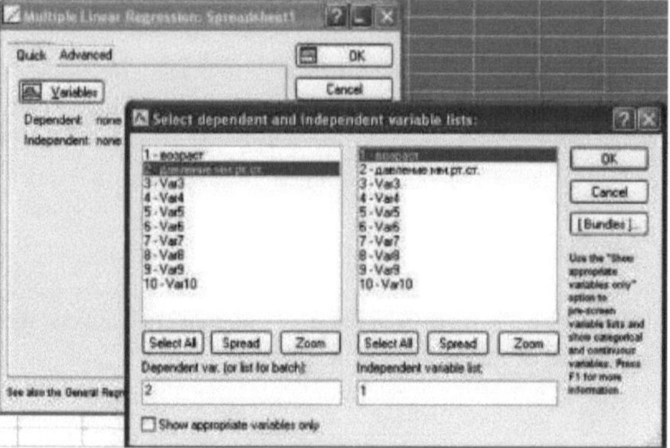

Figura 86. Janela de diálogo para seleção de variáveis

3. Premir o botão **OK**. Aparece uma janela com os resultados preliminares da análise (Fig. 87).

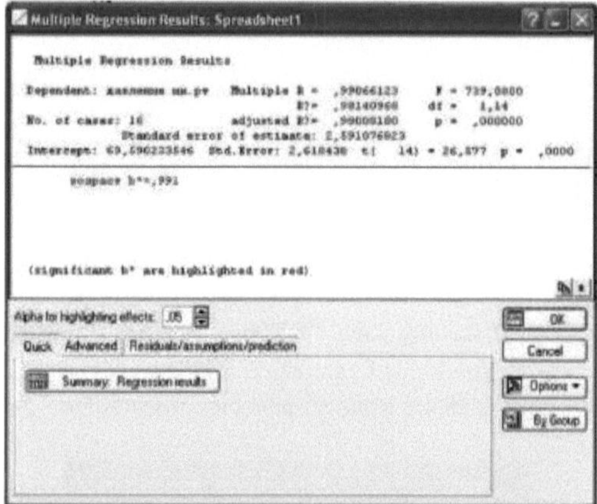

Figura 87. Resultados preliminares da análise de regressão

O indicador mais importante do quadro é o coeficiente *R2* ou coeficiente de determinação. Este indicador reflecte a "qualidade" da regressão calculada. No nosso caso, *R2* = 0,98, pelo que as alterações na variável dependente (DAC) são explicadas em 98% pelas alterações no fator ou variável independente (idade). Podemos dizer que o modelo de regressão construído descreve perfeitamente a relação entre a idade e a tensão arterial;

4. Clique no botão **Resumo: Resultados** da regressão. Aparecerá uma tabela com os seguintes resultados (Figura 88):

N=16	b*	Std.Err. of b*	b	Std.Err. of b	t(14)	p-value
Intercept			69,59023	2,618438	26,57700	0,000000
возраст	0,990661	0,036440	1,29830	0,047756	27,18603	0,000000

Regression Summary for Dependent Variable: давление мм.рт.ст. (Spreads R= ,99066123 R?= ,98140968 Adjusted R?= ,98008180 F(1,14)=739,08 p<,00000 Std.Error of estimate: 2,5911

O quadro mostra que ambos os coeficientes de regressão são significativamente diferentes de 0 (P << 0,001).

No entanto, em biologia, não é a regressão em si que é de maior interesse, mas o efeito que uma variável tem sobre outra. No nosso caso, é importante saber como é que a CAD se altera com a idade.

Para o efeito, é necessário:

1. Na janela **Resultado da** regressão **múltipla**, seleccione o separador Resíduos / pressupostos / **previsão** e clique no botão **Prever variável dependente** (Figura 89).

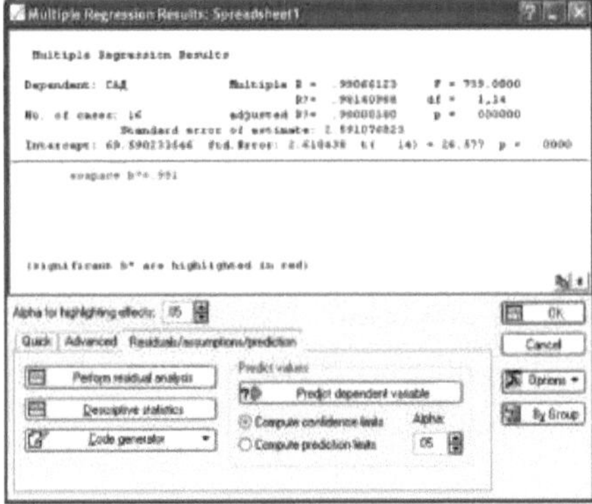

Figura 89. Resultados preliminares da análise de regressão

2. Na janela que aparece, introduza os dados para a previsão. Suponhamos que precisamos de saber quais os valores de CAD que podem ser esperados em pessoas com 80 anos (Fig. 90).

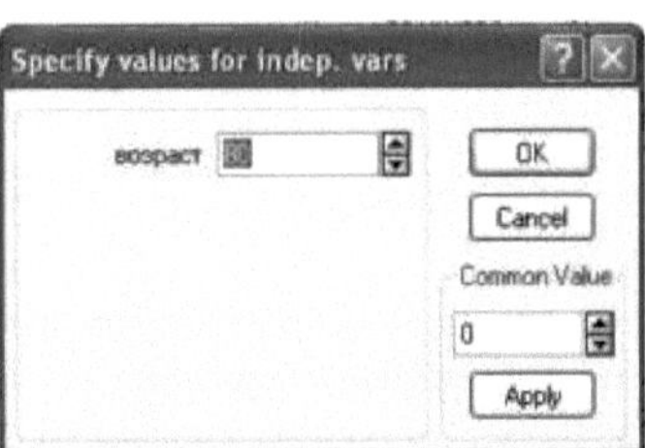

Figura 90. Janela de diálogo para introdução de dados para a previsão

3. Premir o botão **OK**. Aparece uma janela na qual são apresentados os resultados da previsão (Fig. 91.).

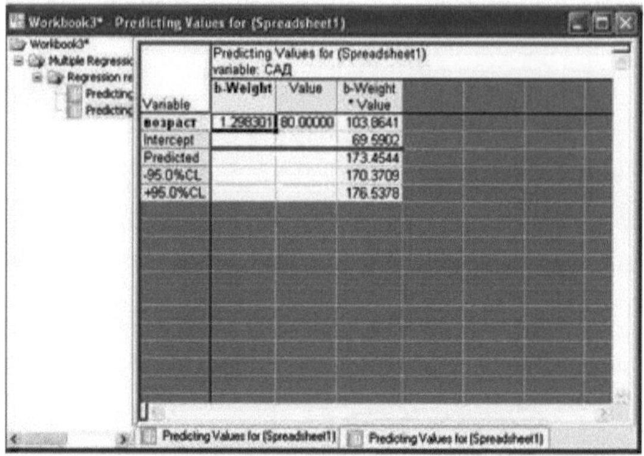

Figura 91. Resultados da análise de regressão

Na tabela, estamos interessados na linha **Previsto**. Como se pode ver, aos 80 anos o valor da CAD atingirá 173 mm. Rt. St.

Uma parte importante da análise de regressão é a *análise dos resíduos* (a diferença entre os valores observados da variável dependente e os valores previstos pelo modelo de regressão).

Para efetuar esta análise, é necessário

1. Seleccione o separador Residuals / **Assumptions** / Predictions (Resíduos / **Pressupostos** / Previsões). Clique no botão **Efetuar análise residual** (Figura 92).

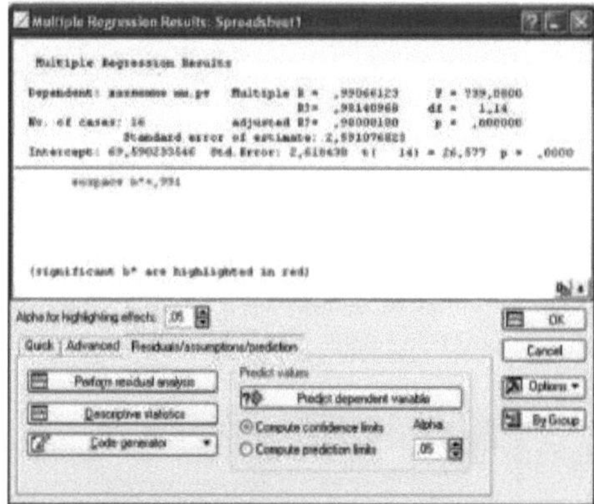

Figura 92. Janela de diálogo da análise dos resíduos

2. Primeiro: verifique a "normalidade" da distribuição dos resíduos. No separador **Rápido,** clique no botão **Gráfico normal dos resíduos** (Figura 93).

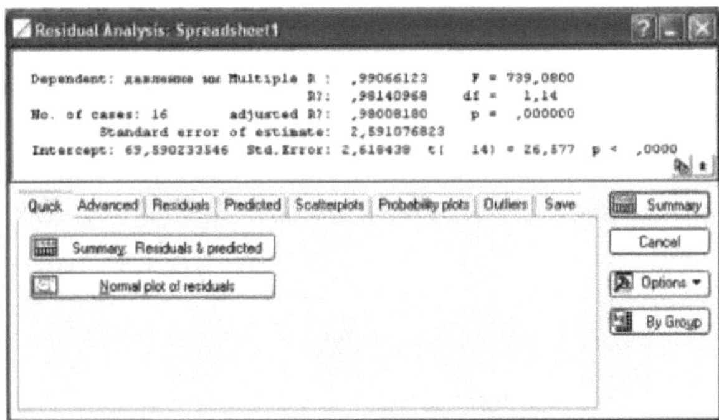

Figura 93. Janela de diálogo para avaliação da conformidade dos resíduos com a lei da distribuição normal

3.   Como resultado, será traçado um gráfico de probabilidades normais (Fig. 94). Se os pontos deste gráfico estiverem localizados de forma compacta ao longo da linha teoricamente esperada, os resíduos são distribuídos "normalmente", a aplicação do modelo de regressão linear é correcta. Se esta condição não for cumprida, a aplicação da regressão linear é impossível. A solução neste caso pode ser a transformação dos dados (os métodos de transformação são descritos abaixo).

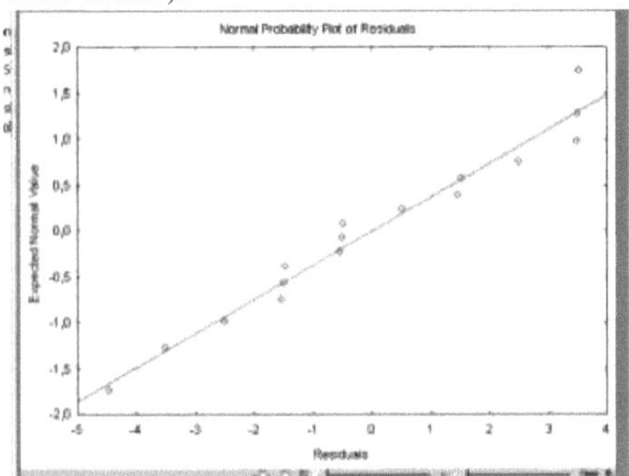

Figura 94. Gráfico das probabilidades normais dos resíduos

4.   Segundo: verificar a variância dos resíduos. A variância deve permanecer inalterada ao longo de todo o intervalo de valores das variáveis analisadas. No separador Gráficos de dispersão, clique no botão **Previsto vs. Resíduos** (Figura 95).

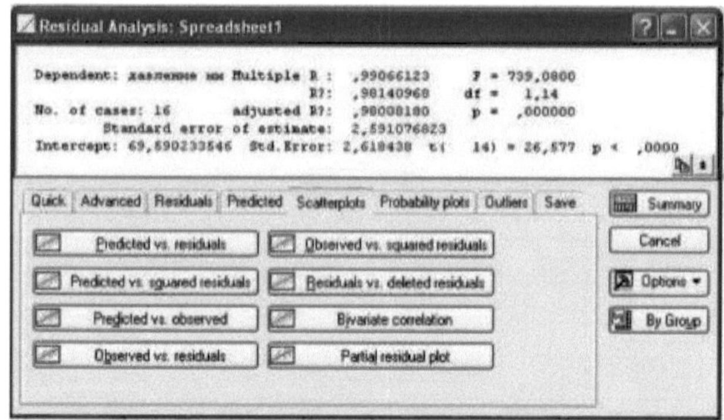

Figura 95. Janela de diálogo para estimar a variância dos resíduos

O resultado é um gráfico da dependência dos valores residuais em relação aos valores da variável dependente prevista pelo modelo (Fig. 96).

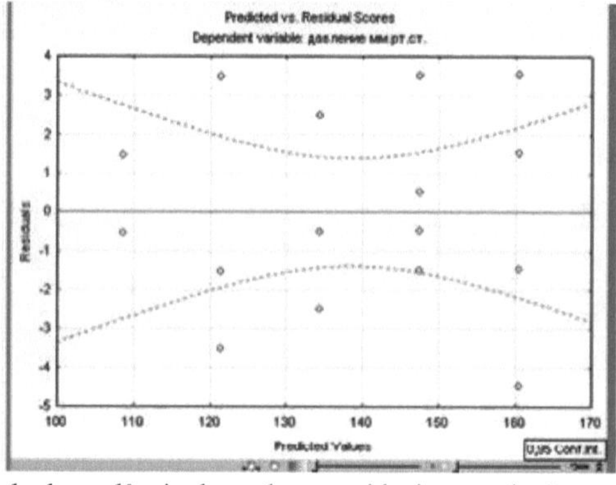

Figura 96. Gráfico de dependência dos valores residuais em relação aos valores da variável dependente prevista pelo modelo

Se a variância se mantiver inalterada (a condição é satisfeita), os pontos neste gráfico serão dispostos de forma caótica. Se existir alguma regularidade na disposição dos pontos (os pontos estão agrupados à esquerda ou à direita, empilhados ao longo de uma linha reta, etc.), a análise de regressão linear não pode ser utilizada. A transformação de dados também pode ser uma solução.

No nosso caso, ambas as condições estão preenchidas, o que confirma a correção do modelo de regressão calculado.

Transformação de características não linearmente relacionadas

Uma limitação muito séria à aplicação da análise de regressão em biologia é a natureza não linear das relações entre muitos traços biológicos. Por exemplo, a relação entre o tamanho do corpo e a intensidade dos processos metabólicos é não linear (escalonada ou exponencial). Numa situação destas, uma certa transformação dos dados iniciais pode ajudar. Isto permite traduzi-los para uma escala de medida diferente e, assim, "igualar" a não linearidade.

A Fig. 97 apresenta dados sobre a intensidade dos processos respiratórios e o tamanho do corpo de *Daphnia magna*.

	1 длинна тела мм.	2 интенсивн. дыхания
1	0,556	0,018
2	0,6	0,021
3	0,694	0,035
4	0,779	0,13
5	0,849	0,055
6	0,954	0,28
7	1,099	0,48
8	1,102	0,54
9	1,204	0,72
10	1,205	0,731
11		

Figura 97. Exemplo de conceção de dados para análise de regressão

A natureza da relação entre duas variáveis deve ser verificada mesmo antes de efetuar a análise de regressão. Para este efeito, é necessário

1. No separador **Gráficos,** seleccione a secção Gráficos de dispersão.

Como resultado, será traçado um diagrama de dispersão (Figs. 98, 99).

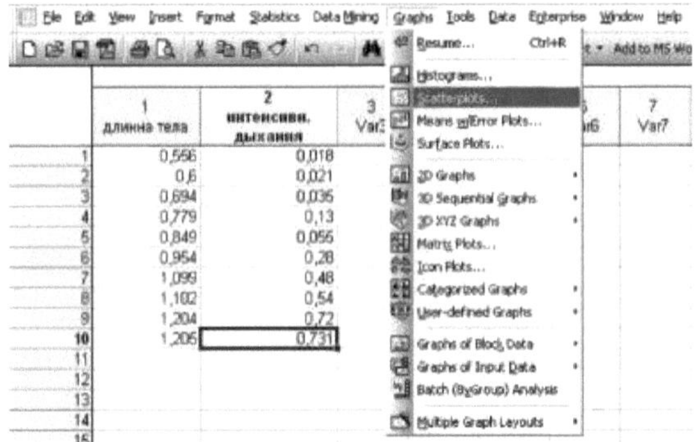

Figura 98. Janela de diálogo para desenhar o diagrama de dispersão

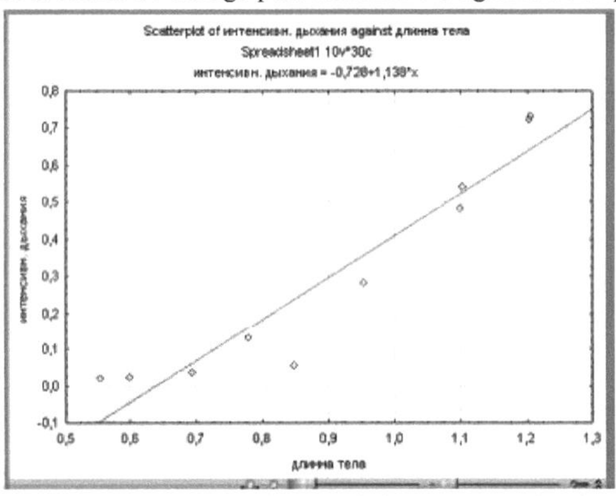

Figura 99. Diagrama de dispersão dos dados relativos ao tamanho do corpo e à taxa de respiração

A disposição dos pontos no diagrama mostra que a relação entre o tamanho do corpo da dáfnia e a taxa metabólica não é linear. A análise de regressão linear não é aplicável. No entanto, este problema pode ser resolvido através da logaritmização dos valores de uma ou (mais frequentemente) de ambas as características analisadas.

Esta transformação pode ser efectuada através da atribuição dos chamados *nomes longos* às variáveis sob a forma de fórmulas.

2. Vamos fazer o prólogo da coluna 1, que contém os valores do tamanho do corpo da dáfnia. Para o fazer, clique duas vezes no cabeçalho de qualquer coluna livre (por exemplo, a coluna Var 3). Isto fará com que apareça a janela de configuração das propriedades da variável (Fig. 100).

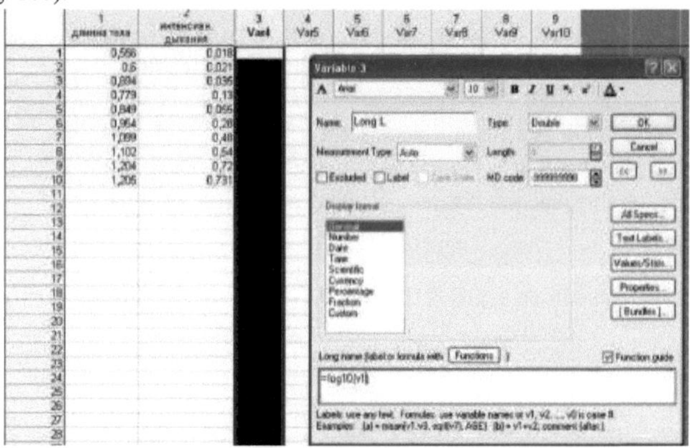

Figura 100. Janela de diálogo para atribuição de nomes longos a variáveis

3. No campo *Nome longo,* introduza a fórmula = *log* 10(*v* 1), em que *v* 1 é a coluna com dados sobre o comprimento do lagostim. No campo *Nome, introduza* um nome curto para a variável, por exemplo, "*Log L*".

4. Clique no botão **OK. É apresentado** o painel **"Expressão OK. Recalcular** a variável **agora?" é apresentado**. Clique em **Sim**. O programa transformará os valores da primeira coluna e estes aparecerão na coluna 3 (Fig. 101).

	1 длинна тела	2 интенсивн. дыхания	3 Long L
1	0,556	0,018	-0,25493
2	0,6	0,021	-0,22185
3	0,694	0,035	-0,15864
4	0,779	0,13	-0,10846
5	0,849	0,055	-0,07109
6	0,954	0,28	-0,02045
7	1,099	0,48	0,040998
8	1,102	0,54	0,042182
9	1,204	0,72	0,080626
10	1,205	0,731	0,080987
11			

Figura 101. Resultados da transformação logarítmica dos dados experimentais

5. Uma operação semelhante deve ser efectuada para os dados sobre a intensidade dos processos metabólicos. Note que é necessário introduzir a fórmula =*log10*(*v2*) como seu nome longo (Fig. 102).

56

	1 длинна тела	2 интенсивн. дыхания	3 Long L	Intensity of breathin
1	0,556	0,018	-0,25493	-1,74473
2	0,6	0,021	-0,22185	-1,67778
3	0,694	0,035	-0,15864	-1,45593
4	0,779	0,13	-0,10846	-0,88606
5	0,849	0,055	-0,07109	-1,25964
6	0,954	0,28	-0,02045	-0,55284
7	1,099	0,48	0,040998	-0,31876
8	1,102	0,54	0,042182	-0,26761
9	1,204	0,72	0,080626	-0,14267
10	1,205	0,731	0,080987	-0,13608

Figura 102. Resultados da transformação logarítmica dos dados experimentais

6.   Se traçarmos um gráfico de dispersão para os dados transformados, podemos ver que os pontos se ajustam ao longo de uma linha reta de forma muito mais compacta (Fig. 103), e é possível aplicar a regressão linear ordinária.

Gráfico de dispersão da intensidade da respiração em função do comprimento L
Folha de cálculo! 9v"30c

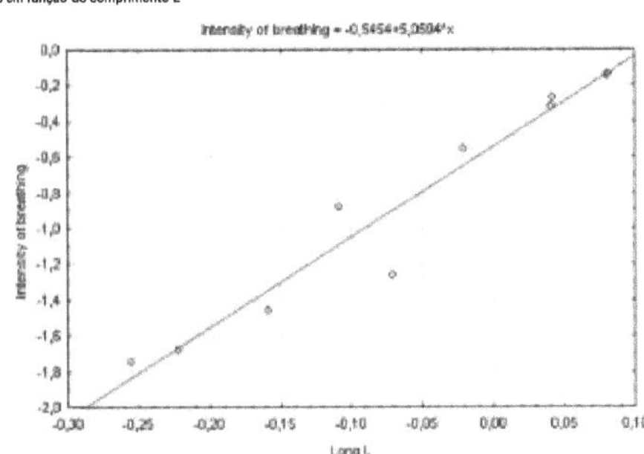

Figura 103. Diagrama de dispersão dos dados relativos ao tamanho do corpo e à frequência respiratória após o procedimento de logaritmização

É importante notar que o procedimento de transformação de dados é aplicável não só para "nivelar" relações não lineares entre características. A logaritmização permite "aproximar" a distribuição dos dados da "normal", bem como alcançar a homogeneidade da dispersão nos grupos. Tudo isto permite a utilização de métodos paramétricos mais poderosos de análise de dados.

Análise de agrupamento.

A principal tarefa resolvida pela análise de clusters consiste em dividir o conjunto inicial de objectos e atributos estudados em grupos ou clusters homogéneos, de certa forma.

Os métodos de análise de clusters permitem resolver os seguintes problemas:

1. A classificação de objectos com referência a várias características ou atributos que reflectem a sua natureza;

2. Teste de hipóteses ou procura de uma estrutura interna num conjunto de objectos em estudo.

A vantagem da análise de agrupamentos é o facto de pertencer ao grupo dos métodos não paramétricos de análise estatística. A sua aplicação é possível em grupos pequenos ou quando os requisitos de "normalidade" da distribuição dos dados não são cumpridos.

As seguintes variedades de análise de clusters estão implementadas no pacote STATISTICA:

1. Algoritmos hierárquicos ou agrupamento de árvores;
2. Método K-means;
3. Fusão de duas entradas.

Algoritmos hierárquicos ou agrupamento de árvores.

O objetivo deste tipo de análise de clusters é agrupar objectos em grupos suficientemente grandes (clusters) com base na semelhança ou "distância" entre objectos. O resultado deste tipo de agrupamento é a construção de uma árvore hierárquica. O algoritmo deste tipo de análise de clusters consiste no agrupamento sucessivo dos objectos mais próximos e, em seguida, cada vez mais distantes, em grupos.

Consideremos este tipo de análise com o exemplo de um estudo ecológico de diferentes comunidades vegetais. Nove parâmetros fitocenóticos diferentes foram medidos em comunidades vegetais de composição de espécies diferentes (Fig. 104). É necessário determinar quais as comunidades mais semelhantes em termos de características estruturais e quais as que apresentam maiores diferenças. Os dados obtidos no decurso do estudo estão incluídos no quadro (Fig. 104).

	2 диаметр древост ой	3 сомкнутость крон\древостой	4 высота\подрост	5 диаметр\подрост	6 высота\подлесок	7 диаметр\подлесок	8 высота\травостой	9 покрытие\травостой
дубрава остепненная	63.9	11.9	1.9	2.6	0.7	0.6	0.32	25.8
дубрава мятликовая	60.8	29.8	1.3	1.1	1.1	0.8	0.37	30
дубрава разнотравная	64.3	23.6	2.95	2.2	1.9	1.6	0.47	45.9
дубрава ландышевая	62.3	25.5	2.1	1.9	1.5	1.2	0.62	75.3
липо-дубрава ландышевая	56.1	58.4	2.1	2.6	0.9	0.7	0.6	63.4
липо-дубрава крапивная	62.4	36.4	2.2	2.4	0.9	1	0.3	32.7
липняк снытевый	54.9	62.4	3.1	2.59	1.2	1.5	0.58	66.4
липо-кленовник	48.9	70	3.5	2.9	1.9	1.1	0.25	32.5
березняк	50.1	62.5	3	1.9	1.6	1.2	0.24	70.8
осинник	49.3	30.2	1.5	1.2	1.1	0.3	0.36	80.2
сосняк	49.3	30	0.5	0.3	1.1	0.3	0.25	5.01

Figura 104. Exemplo de conceção de dados para efetuar o agrupamento em árvore

1. Iniciar o módulo de análise de clusters **Estatística / Exploratória Multivariada / Análise de Cluster** (Estatística / Métodos de Pesquisa Multivariada / Análise de Cluster) (Fig. 105).

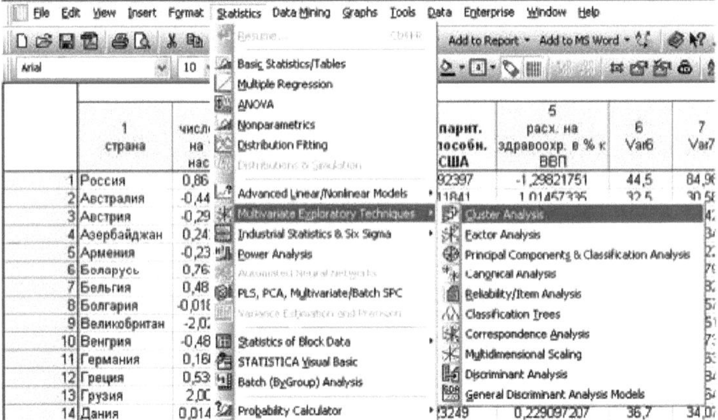

Figura 105. Janela de diálogo para selecionar o método de análise de clusters

2.   Na lista de métodos, seleccione **Juntar (**agrupamento **de árvores**) e clique em **OK** (Fig. 106).

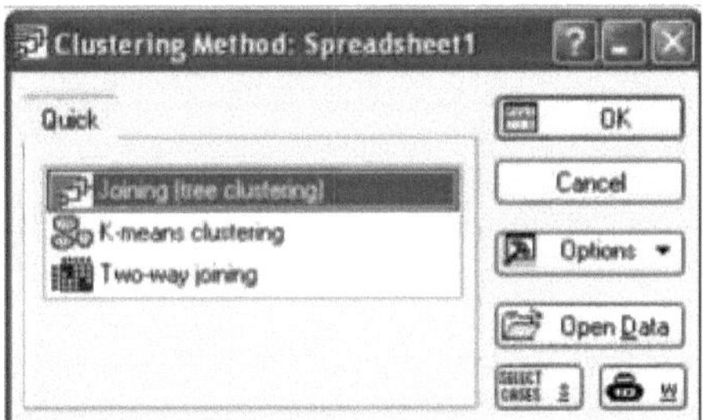

Figura 106. Janela de diálogo para selecionar o método de análise de clusters

3.   Clique no botão **Variables (Variáveis)** e seleccione as variáveis a analisar (para o agrupamento). Clique em **OK** (Fig. 107).
4.   Uma vez que os indicadores que caracterizam as comunidades vegetais estão dispostos em **linhas** e não foram transformados, seleccione o item de menu **Cases (rows) na linha Cluster** e seleccione **Raw data** na linha **Input file** (Figura 107).

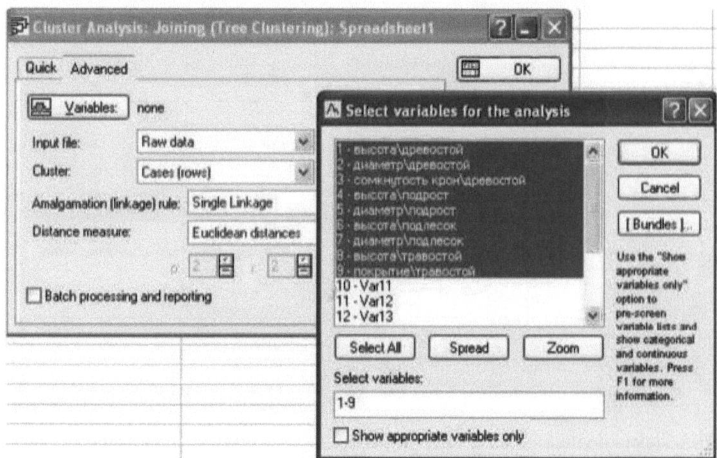

Figura 107. Janela de diálogo para selecionar as definições da análise de clusters

5.   Depois de clicar em **OK,** aparece uma caixa de diálogo na qual é necessário selecionar o tipo de diagrama de árvore (Fig. 108). Seleccione um tipo de diagrama conveniente para apresentar os resultados, obtemos o resultado (Fig. 109).

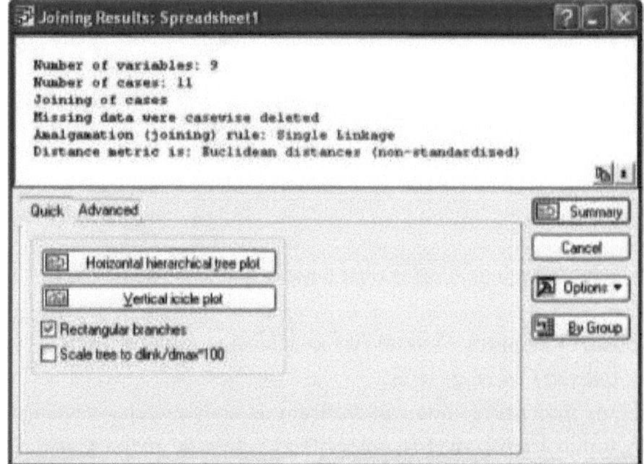

Figura 108. Janela de diálogo para selecionar as definições da análise de clusters

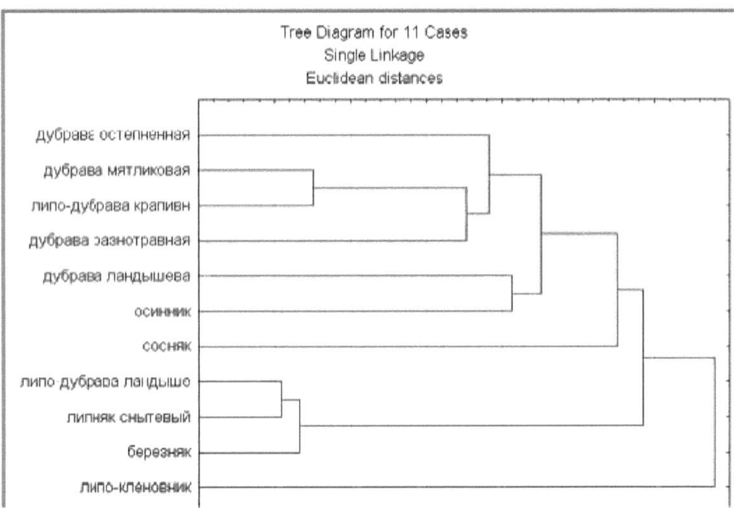

Figura 109. Apresentação dos resultados da análise de clusters

O diagrama de clusters resultante mostra a associação das comunidades vegetais em grupos com base na semelhança dos parâmetros fitocenóticos. Dois grupos são claramente visíveis no diagrama. O primeiro é formado por estepe de carvalho, bluegrass e lipo-krapivy. O segundo grupo inclui o carvalho-lírio-do-vale, o snythe limber, o lipo-maple e a floresta de bétulas. O bosque de choupo e o carvalho-lírio-do-vale são semelhantes às comunidades do primeiro e segundo grupos. O pinhal é o mais diferente de todas as outras comunidades.

Método K-means.

É um dos métodos de análise de clusters mais frequentemente utilizados. Este método permite dividir um conjunto de objectos num determinado número de agrupamentos **K.** Estes clusters estão localizados a distâncias máximas uns dos outros. Uma vez obtidos os resultados do agrupamento, as médias de cada agrupamento são calculadas para cada dimensão e avalia-se a diferença entre os agrupamentos. Idealmente, para a maioria das dimensões, as médias devem ser significativamente diferentes. Os valores da estatística F obtidos para cada dimensão são outro indicador da qualidade da discriminação dos agrupamentos.

É muito importante lembrar que, ao aplicar este método de análise, o investigador deve ter uma hipótese (suposição) sobre o número de clusters possíveis. Este método constrói exatamente o número de clusters que o investigador especificar. Os clusters formados estarão localizados à maior distância possível uns dos outros.

Por exemplo, consideremos os resultados do estudo dos países segundo alguns indicadores do nível de vida da população. Com base nestes dados, é necessário dividir os países em grupos. As diferenças entre os grupos devem ser maximizadas e, dentro dos grupos, mínimas (os países devem ser tão semelhantes quanto possível). Os resultados da investigação e um exemplo da sua conceção são apresentados na Figura 110.

	1 число врачей на 10 тыс. населения	2 смертность на 100 тыс. населения	3 ВВП по парит. покуп. способн. в % к США	4 расх. на здравоохр. в % к ВВП
Россия	44.5	84.98	20.4	3.2
Австралия	32.5	30.58	71.4	8.5
Австрия	33.9	38.42	78.7	9.2
Азербайджан	38.8	60.34	12.1	3.3
Армения	34.4	60.22	10.9	3.2
Беларусь	43.6	60.79	20.4	5.4
Бельгия	41	29.82	79.7	8.3
Болгария	36.4	70.67	17.3	6.4
Великобритания	17.9	34.51	69.7	7.1
Венгрия	32.1	64.73	24.5	6
Германия	38.1	36.63	76.2	8.6
Греция	41.5	32.84	44.4	6.7
Грузия	55	62.64	11.3	3.5
Дания	36.7	34.07	79.2	6.7
Ирландия	15.8	39.27	57	6.7
Испания	40.9	28.46	54.8	7.3
Италия	49.4	30.27	72.1	8.5
Казахстан	38.1	69.04	13.4	3.3
Канада	27.6	25.42	79.9	10.2
Киргизия	33.2	53.13	11.2	3.4

Figura 110. Exemplo de conceção de dados para análise de clusters

Uma vez que as variáveis utilizadas para análise têm unidades de medida diferentes (ou se as escalas de medida não coincidem nitidamente), é necessária uma **normalização** prévia. A normalização é a conversão (transformação) dos dados brutos em valores adimensionais. Para este efeito, é necessário:

1. Clique com o botão direito do rato no nome da variável . Na janela que se abre, seleccione a sequência de comandos: Preencher / Normalizar Bloco / Normalizar <u>Colunas</u> (Fig. 111).

Figura 111. Janela de diálogo para normalização de variáveis

Os valores da variável normalizada passarão a zero e a variância passará a ser um. A mesma operação deve ser efectuada com todas as variáveis. Depois disso, é possível prosseguir com a análise de agrupamento.

2. Inicie o módulo **Estatísticas / Exploração Multivariada / Análise de Clusters** (Figura 112).

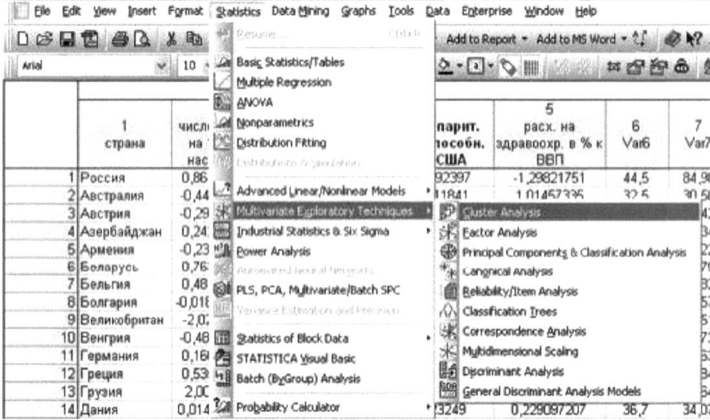

Figura 112. Janela de diálogo para selecionar o método de análise de clusters

Figura 112. Janela de diálogo para selecionar o método de análise de clusters 2. Na lista de métodos, seleccione **k-means clustering** e clique em **OK** (Fig. 113).

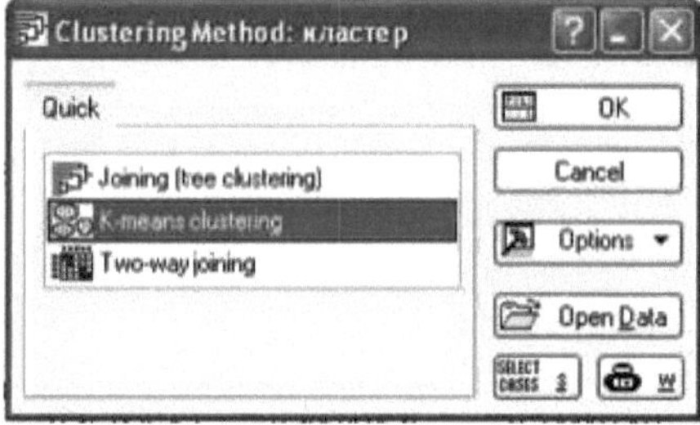

Figura 113. Janela de diálogo para selecionar o método de análise de clusters

3. Clique no botão **Variables (Variáveis)** e seleccione as variáveis a analisar (para o agrupamento). Clique em **OK** (Fig. 114).

4. Uma vez que os indicadores de nível de vida estão dispostos em **linhas**, no campo **Agrupamento,** selecionar **Casos (linhas)**. No campo **Número de clusters,** definir o número de clusters em que a amostra deve ser dividida, por exemplo, 3. Na linha **Número de (iterações),** definir o número máximo de iterações utilizadas na construção das classes, por exemplo, 10 (Figura 114).

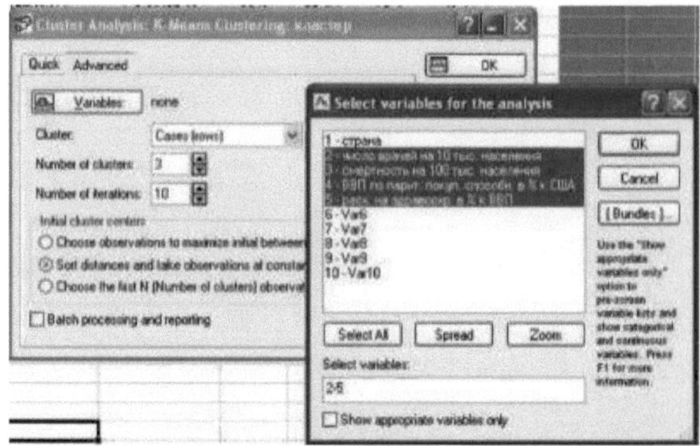

Figura 114. Janela de diálogo para selecionar as definições da análise de clusters

Depois de clicar em **OK**, aparecerá uma janela de diálogo com os resultados do agrupamento (Fig.

115.. A janela de resultados no topo fornece as seguintes informações:

Número de variáveis - 4;

Número de registos (número de casos) - 20;

Agrupamento de casos K-means - método de agrupamento k-means;

Número de clusters (Número de clusters) - 3;

A solução foi obtida após 2 iterações - A solução foi encontrada após 2 iterações.

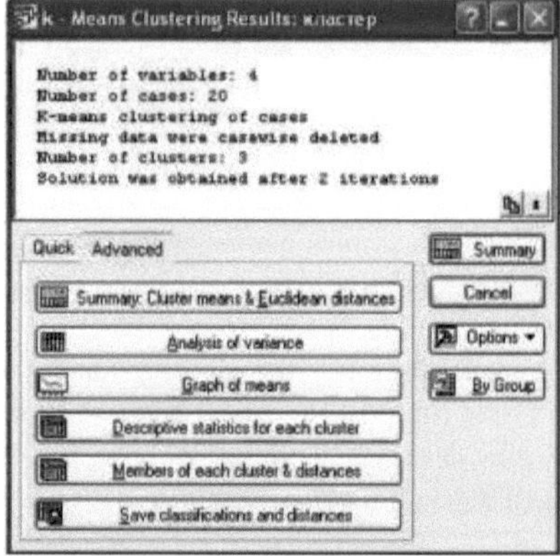

Figura 115. Janela de diálogo com os resultados do agrupamento

6. Seleccione o separador **Avançadas**. Utilize os botões nesta janela para visualizar os resultados da análise.

O botão de função Médias de Cluster&Distâncias Euclidianas apresenta 2 tabelas. A primeira mostra os valores médios para cada agrupamento (o cálculo da média é efectuado dentro de um agrupamento). A segunda mostra as distâncias euclidianas e os quadrados das distâncias euclidianas entre clusters (Fig. 116).

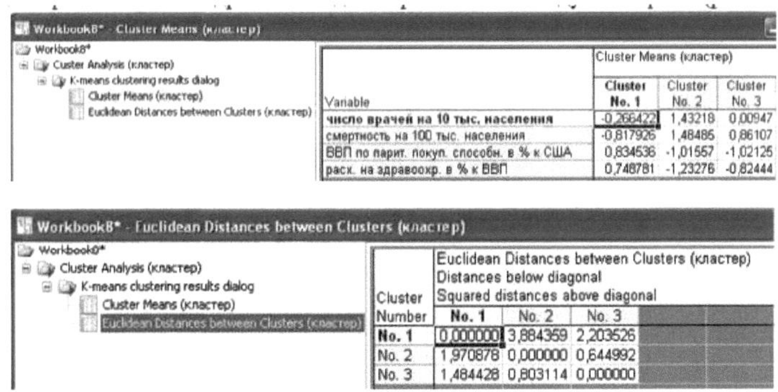

Figura 116. Tabelas de resultados Médias de clusters e distâncias euclidianas

O botão funcional Análise de variância permite visualizar o quadro da análise de variância, onde, por exemplo, são apresentadas as somas dos quadrados dos desvios dos objectos em relação aos centros dos agrupamentos (SS Within) e as somas dos quadrados dos desvios entre os centros dos agrupamentos (SS Between), os valores da estatística F, os níveis de significância p (Fig. 117).

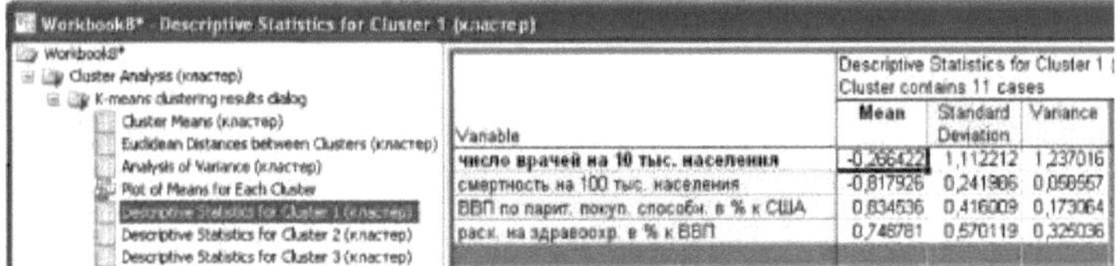

Figura 117. Quadro de resultados da análise de variância

Botão funcional Descriptive Statistics for each clusters (Estatísticas descritivas para cada grupo). Apresenta tabelas com estatísticas descritivas para cada agrupamento (média, desvio padrão, variância) (Figura 118).

Figura 118. Tabela com estatísticas descritivas para cada cluster

Botão de função Gráfico de médias. Apresenta os valores médios de cada agrupamento num gráfico de linhas. As curvas neste gráfico correspondem aos clusters seleccionados. No eixo horizontal estão representadas as variáveis incluídas no

análises. No eixo vertical estão os valores médios para os países incluídos em cada um (Figura 119).dos grupos

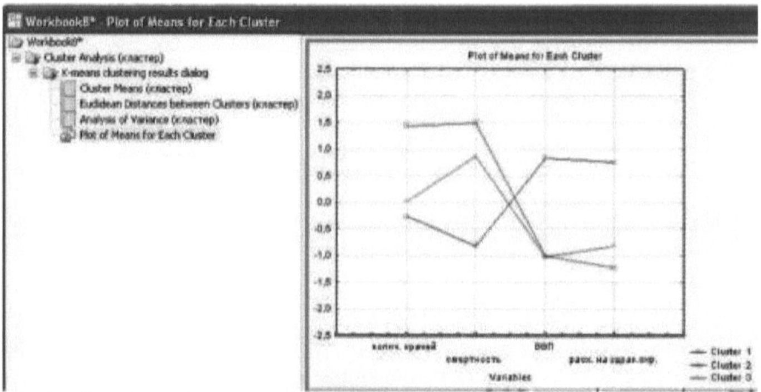

Figura 119. Gráfico de média para cada grupo

Botão de função Membro de cada agrupamento e distâncias. Mostra a distribuição dos países nos respectivos agrupamentos. As tabelas apresentadas mostram os números de países atribuídos a um ou outro agrupamento. No cabeçalho da tabela, pode ver que o primeiro grupo contém 11 países, cujos números estão listados na coluna **Caso #** (2, 3, 7, 9, 11, 12, etc.). As linhas mostram as distâncias de cada país ao centro do agrupamento (Figura 120).

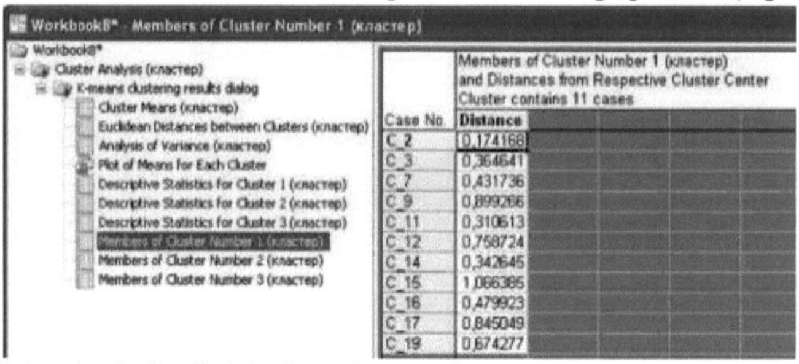

Figura 120. Quadro de distribuição dos países por clusters

O botão de função Guardar classificações e distâncias apresenta o número de objectos incluídos em cada agrupamento e as distâncias dos objectos ao centro de cada agrupamento. A informação sobre a pertença dos objectos aos grupos pode ser escrita num ficheiro e utilizada em análises posteriores (Figura 121).

| | кластер | | | | | | |
	1 число врачей на 10 тыс. населения	2 смертность на 100 тыс. населения	3 ВВП по парит. покуп. способн. в % к США	4 расх. на здравоохр. в % к ВВП	5 CASE_NO	6 CLUSTER	7 DISTANCE
C_1	0,861698827	2,1113557	-0,858292397	-1,29821751	1	2	0,43
C_2	-0,442259045	-0,93984172	0,904611841	1,01457335	2	1	0,17
C_3	-0,290130626	-0,500110327	1,15694911	1,32003629	3	1	0,36
C_4	0,242318838	0,729342751	-1,14519642	-1,25457994	4	3	0,26
C_5	-0,235799048	0,722612168	-1,18667652	-1,29821751	5	3	0,29
C_6	0,763901986	0,754582435	-0,858292397	-0,338191115	6	3	0,46
C_7	0,481377781	-0,982468743	1,19151586	0,927298219	7	1	0,43
C_8	-0,0184727365	1,30312491	-0,965449321	-0,338191115	8	3	0,33
C_9	-2,02874112	-0,719415142	0,845848367	0,40364746	9	1	0,90
C_10	-0,495724307	0,975569896	-0,716568723	-0,0763657357	10	3	0,48
C_11	0,166254629	-0,600508183	1,07063224	1,06821091	11	1	0,31
C_12	0,535709359	-0,813082415	-0,0286904023	-0,207278425	12	1	0,76
C_13	2,00266196	0,858345583	-1,17284982	-1,16730482	13	2	0,43
C_14	0,0141262103	-0,744093944	1,17423249	0,229097207	14	1	0,34
C_15	-2,25693375	-0,452435367	0,406850645	0,229097207	15	1	1,07
C_16	0,470511465	-1,05874868	0,330803795	0,490922587	16	1	0,48
C_17	1,39414829	-0,957229058	0,928808566	1,01457335	17	1	0,85
C_18	0,166254629	1,21730999	-1,10025965	-1,25457994	18	3	0,29
C_19	-0,974708509	-1,22925677	1,19842921	1,75641192	19	1	0,67
C_20	-0,366194835	0,324946916	-1,17630649	-1,21094238	20	3	0,39

Figura 121. Quadro de distribuição dos países por clusters

CAPÍTULO 7

Cálculo da dimensão da amostra (volume) ou análise do poder.

O cálculo da dimensão da amostra é uma das fases essenciais do planeamento de uma experiência. A decisão sobre a dimensão dos grupos (poder do estudo) é necessária para evitar o segundo tipo de erro aquando da análise dos dados obtidos. Recordo que o primeiro tipo de erro é a probabilidade de rejeitar falsamente a hipótese nula, ou seja, de encontrar diferenças onde elas não existem. A probabilidade máxima admissível deste erro é de 5% e designa-se por nível de significância. O 2º tipo de erro é a probabilidade de aceitar falsamente a hipótese nula, ou seja, de não encontrar diferenças onde elas existem.

Para se ter uma ideia da dimensão da amostra, é necessário conhecer vários indicadores:

1. A dimensão do efeito esperado;
2. Valores médios de características ou variáveis;
3. Desvio-padrão dos valores médios dos atributos objeto de inquérito ou

das variáveis (valor da variância).

Coloca-se a questão de saber onde obter estes indicadores se o estudo ainda estiver a ser planeado e eles simplesmente não forem conhecidos. Neste caso, a informação necessária para estimar a dimensão da amostra é obtida a partir dos resultados da própria investigação anterior ou de estudos semelhantes descritos na literatura. Além disso, é necessário formular algumas hipóteses.

Vejamos um exemplo: suponhamos que estamos a realizar um ensaio clínico sobre os efeitos de dois medicamentos (A e B) que afectam a tensão arterial sistólica. Dispomos de recursos suficientes para incluir 25 doentes no estudo para testar cada um destes medicamentos. Será isto suficiente para detetar resultados significativos? Por outras palavras, o nosso estudo terá poder suficiente?

A primeira pergunta a que temos de responder é: qual é o tamanho do efeito a ser detectado? Por outras palavras, quanto é que a pressão arterial sistólica deve mudar nos doentes que utilizam um determinado medicamento? É claro que não sabemos isso, e é por isso que estamos a fazer o estudo! Mas podemos fazer algumas suposições. Por exemplo, temos resultados de estudos anteriores que incluíram o fármaco A e acreditamos que a pressão arterial média do fármaco B diferirá em cerca de 10% da média do fármaco A. Se a pressão arterial sistólica média do fármaco A for de 120 mmHg, o tamanho do efeito será de 12 mmHg.

A segunda pergunta é: qual é a variabilidade na medição da tensão arterial sistólica? Um estudo anterior do medicamento A demonstrou que o desvio padrão da tensão arterial sistólica é de 10 mmHg. Assume-se que o desvio padrão será aproximadamente o mesmo nos grupos que recebem qualquer um destes fármacos.

Com base nestas disposições, é possível calcular o poder do estudo. 1. A partir do menu, abra o módulo apropriado: **Statistics / Power Analysis** (Fig. 122).

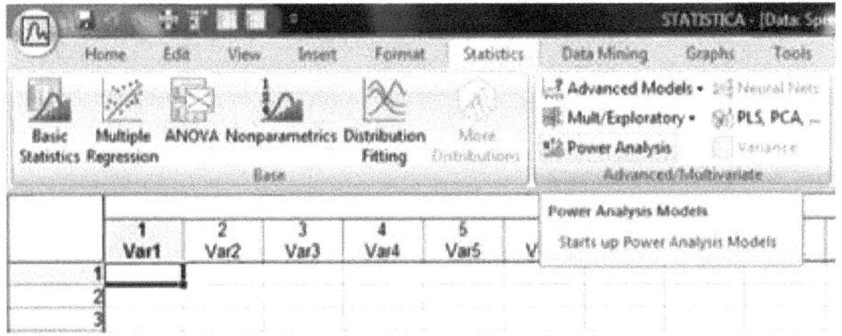

Figura 122. Janela do módulo de análise de potência

2. Na janela que aparece, seleccione o critério **Two Means, t-Test, Independent Samples** (Teste t de Student para amostras independentes) (Fig. 123).

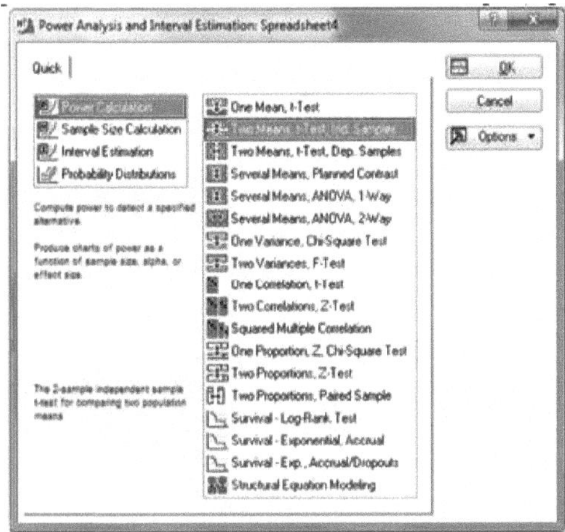

Figura 123. Janela de diálogo para selecionar o critério estatístico 3. Clique em **OK** e, na caixa de diálogo seguinte, defina os parâmetros conhecidos. *Mu1* e
Mu2
são os valores médios conhecidos e esperados dos índices de pressão arterial nos grupos estudados; *N1* e *N2* são o número de pacientes previstos para o estudo; *Sigma* é o desvio padrão nos grupos estudados: *Alfa é o* nível de erro de primeiro tipo (ε) = 0,05 (Fig. 124).

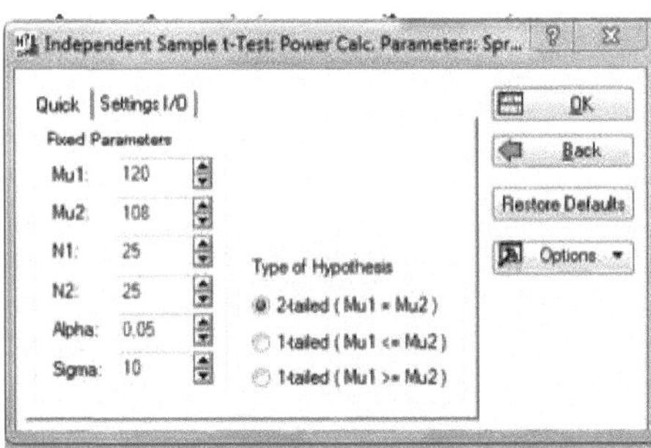

Figura 124. Janela de diálogo para introdução de parâmetros conhecidos

4. Premir **OK**. Aparece uma janela de diálogo que apresenta os parâmetros com base nos quais a análise é efectuada (Fig. 125).

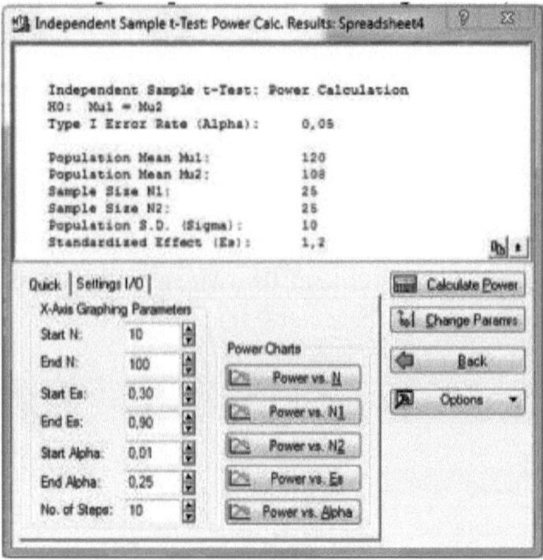

Fig. 125. A janela de visualização dos principais parâmetros de cálculo 5. Para calcular a potência tendo em conta os parâmetros especificados, clique no botão **Calcular** potência. A tabela final conterá os resultados da estimativa da potência, como mostra a figura (Fig. 126).

	Power Calculation (Spreadsheet4) Two Means, t-Test, Ind. Samples H0: Mu1 = Mu2
	Value
Population Mean Mu1	120,0000
Population Mean Mu2	108,0000
Population S.D. (Sigma)	10,0000
Standardized Effect (Es)	1,2000
Sample Size N1	25,0000
Sample Size N2	25,0000
Type I Error Rate (Alpha)	0,0500
Critical Value of t	2,0106
Power	0,9860

Figura 126. Resultados da estimativa de potência do estudo A tabela mostra que, para esta combinação de parâmetros, a potência é de 0,98.

O nível de poder mínimo aceitável para os inquéritos biológicos não deve ser inferior a 0,8, ou seja, a dimensão da amostra planeada é mais do que suficiente.

Se a potência for pequena (Potência < 0,8), precisamos de perceber em que valor de N obtemos a potência normal. 6. Para isso, prima o botão **Potência vs. N** (Fig. 127).

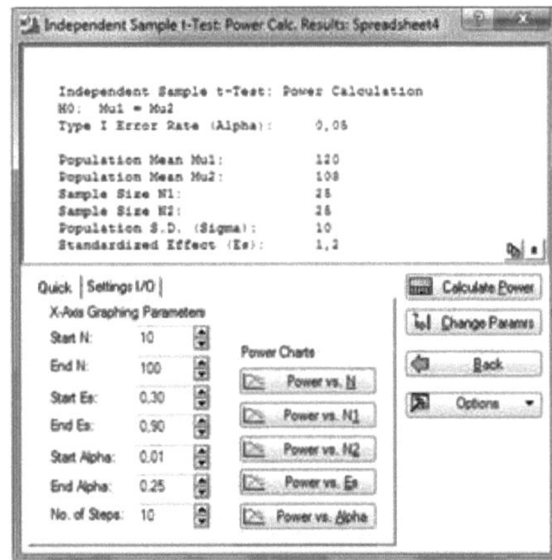

Figura 127. A janela de diálogo para calcular o poder necessário do estudo 7. A janela seguinte apresenta um gráfico da relação entre a dimensão da amostra e o poder (Figura 128). O gráfico mostra que é possível obter um poder de 0,8 com uma amostra de cerca de 13 pessoas.

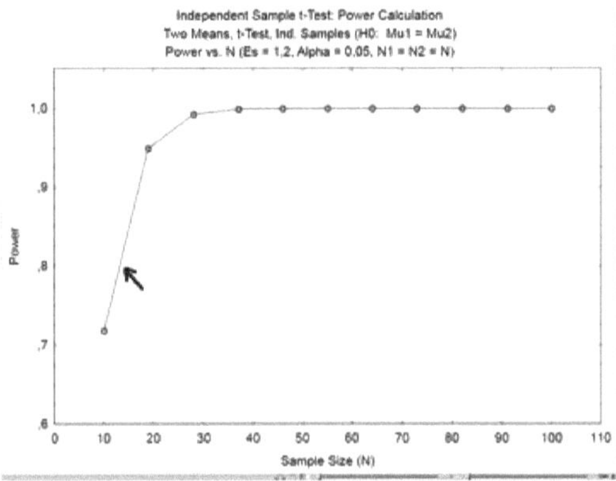

Figura 128. Gráfico da relação entre a dimensão da amostra e a potência **Do mesmo modo, a análise da potência é efectuada para amostras dependentes.**

Passemos aos dados obtidos no decurso das observações das alterações da quantidade de imunoglobulinas em ratos "antes" e "depois" do exercício (p. 20). Recordo que o estudo envolveu 19 animais, os valores médios da quantidade de imunoglobulinas "antes" e "depois" do exercício foram de 6,8 mm. e 7,3 mm. (diâmetro do anel de precipitação), desvio padrão 1,2 mm. e 1,4 mm.

1. Demenu lançar módulo   **Poweranalysis/   Two Means, t-Test, Dependent**

Amostras (Figura 129).

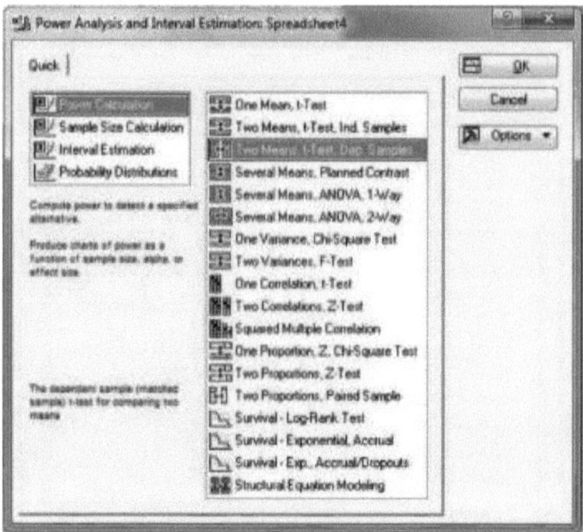

Figura 129. Janela de diálogo para selecionar o critério estatístico

2.   Prima **OK** e, na janela de diálogo seguinte (Fig. 130), defina o valor já conhecido (*N, Mu1 e Mu2, Sigma 1 e 2, etc.*). Além disso, é necessário introduzir o parâmetro *Rho*. *Rho* é o coeficiente de correlação entre duas medidas por grupos. Ou seja, a correlação entre o que era "antes" e o que passou a ser "depois". Assume-se que as amostras dependentes estão altamente correlacionadas, pelo que o coeficiente será elevado. Normalmente, é definido no intervalo de 0,50-0,55.

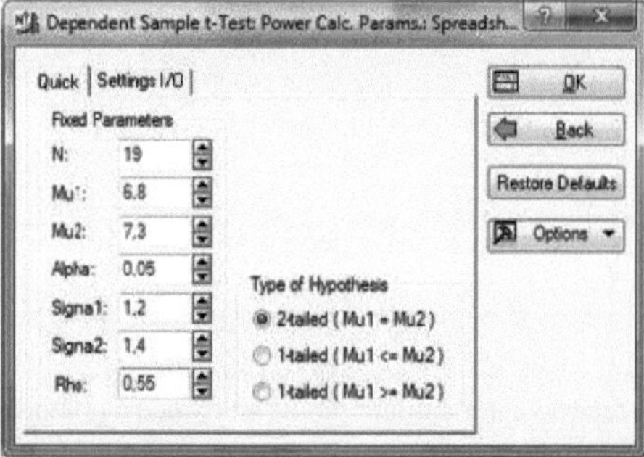

Figura 130. Janela de diálogo para introduzir parâmetros conhecidos 3. Prima **OK**. Como resultado, aparece uma janela semelhante à anterior, onde clicamos em **Calcular potência**. A tabela mostra que, para esta combinação de parâmetros, a potência é de 0,38, o que é muito inferior a 0,8, ou seja, a amostra de 19 animais é insuficiente (Fig. 131).

Figura 131. Resultados da estimativa de potência do estudo 4. Para saber a que valor de N obteremos uma potência normal, prima o botão **Potência vs. N** (Fig. 132).

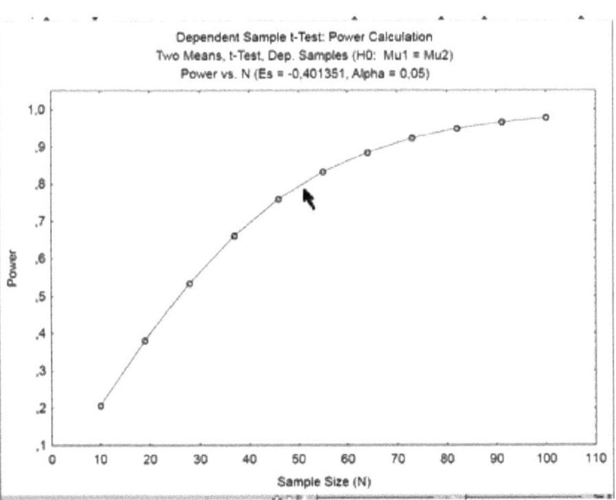

Figura 132. Janela de diálogo para o cálculo da potência necessária do estudo A partir do gráfico obtido do rácio volume de amostragem/potência, é evidente que pode ser alcançada uma potência de 0,8 com uma dimensão da amostra de aproximadamente 50 animais (Fig. 133).

Figura 133. Gráfico do rácio volume/potência da recolha de amostras

Lista de referências

1. Barkovskiy S.S. Análise de dados multivariados por métodos
Estatística aplicada: livro de texto / S.S. Barkovsky, V.M.
Zakharov, A.M. Lukashov, A.R. Nurutdinova, S.V. Shalagin. - Kazan: Izd. KSTU, 2010. - 126 c.
2. Glantz S. Estatísticas médico-biológicas / S. Glantz Per. do inglês.
- M., Praktika, 1998 - 459 p.
3. Davidenko T.N. Métodos multivariados de análise estatística
Dados em ecologia / T.N. Davidenko, O.N. Davidenko, V.V. Piskunov, V.A. Boldyrev.
Piskunov, V.A. Boldyrev. - Saratov: Izd-voor Saratov University, 2006. 56 p.: ill.
4. Koychubekov B.K. Determinação da dimensão da amostra no planeamento
investigação científica / B.K. Koichubekov, M.A. Sorokina, K.E. Mkhitaryan // Revista
Internacional de Investigação Aplicada e Fundamental. 2014. №4. C. 71-74.
5. Mastitskiy S.E. Manual metódico sobre a utilização de
Programa STATISTICA no tratamento de dados de investigação biológica / S.E. Mastitsky. -
Mn.: RUE "Instituto de Pesca", 2009 -76 pp.
6. Mukhamatzanova M.Sh. Sobre a escolha do método de tratamento de dados estatísticos
para investigação médica e sociológica / M.Sh. Mukhamatzanova, M.A. Zakharova, V.A.
Velsh // Boletim do Centro Científico de Volgogrado da Academia Russa de Ciências
Médicas. 2009. № 2. C. 51-53.
7. Platonov A.E. Análise estatística em medicina e biologia:
tarefas, terminologia, lógica, métodos informáticos / A.E. Platonov. - Moscovo: Editora da
Academia Russa de Ciências Médicas, 2000. - 52 c.
8. Stukach, O.V. Statistica software package in solving problems of quality management:
textbook / O.V. Stukach. Universidade Politécnica de Tomsk. - Tomsk - Izd-vo Universidade
Politécnica de Tomsk, 2011. 163 c.
9. Salkind N.J.. Estatísticas para pessoas que (pensam que) detestam estatísticas. / N.J.
Salkind. Quinta edição. - Editora: SAGE Publications, Inc [Paperback] 2014.

Printed by Books on Demand GmbH, Norderstedt / Germany